用电异常
智能监控及主动运维技术

YONGDIAN YICHANG
ZHINENG JIANKONG JI ZHUDONG YUNWEI JISHU

主　编　熊德智
参　编　郑小平　肖　宇　邓汉钧　胡军华
廖青春　刘小平　柳　青　袁瑞铭
陈石东　欧阳洁　黄　瑞　王建忠
吴志勇　陈　浩　申丽曼

中国电力出版社
CHINA ELECTRIC POWER PRESS

内 容 提 要

本书主要包括用电异常态势感知与信息动态处理技术、智能用电监控装置设计、基于智能低压开关的拓扑识别技术、基于电力物联网的智能防窃电计量箱设计、电能表中交变与恒强磁检测报警技术、异常用电精确定位和在线监控系统等内容，系统阐述了用电异常智能监控及主动运维技术理论与实践，给出了智能用电监控装置、智能防窃电计量箱、防强磁智能电能表、异常用电精确定位和在线监控系统等的设计方案。

本书可供从事电能计量、电能表检测、用电信息采集、用电稽查、配用电运维等工作的技术人员及管理人员学习使用，也可供智能电能表、智能量测开关、智能防窃电计量箱等相关产品生产企业的设计、检测及管理人员学习参考。

图书在版编目（CIP）数据

用电异常智能监控及主动运维技术/熊德智主编．—北京：中国电力出版社，2022.7
ISBN 978－7－5198－6738－6

Ⅰ.①用…　Ⅱ.①熊…　Ⅲ.①用电管理—智能系统—监控系统②用电管理—电力系统运行　Ⅳ.①TM92

中国版本图书馆 CIP 数据核字（2022）第 073708 号

出版发行：中国电力出版社
地　　址：北京市东城区北京站西街 19 号（邮政编码 100005）
网　　址：http://www.cepp.sgcc.com.cn
责任编辑：刘丽平（010－63412342）
责任校对：黄　蓓　王海南
装帧设计：赵丽媛
责任印制：石　雷

印　　刷：河北鑫彩博图印刷有限公司
版　　次：2022 年 7 月第一版
印　　次：2022 年 7 月北京第一次印刷
开　　本：787 毫米×1092 毫米　16 开本
印　　张：6.75
字　　数：115 千字
印　　数：0001—1000 册
定　　价：30.00 元

前言

随着经济发展，社会用电需求不断增加，一些不法经营者为谋取暴利，置国家法律、法规于不顾，不择手段地窃取电能，窃电等异常用电问题成为困扰电力企业的一项难题。窃电等异常用电行为不仅会对供电企业的经济利润造成重大流失，扰乱了正常的供用电秩序，而且现场的违规、不法操作可能会损坏供电设备，造成人员伤亡，给安全用电带来严重威胁。同时，现场供用电设备运行异常、计量设备运行故障等设备类供用电异常也会给现场正常用电造成安全隐患，并损害供用电双方的经济利益。因此，窃电等用电异常智能分析及精准定位、用电异常智能监控及主动运维等技术逐渐成为国内外研究的重点。

本书从业内的实际需求出发，阐述了台区用电异常智能监控及主动运维技术，围绕用户用电异常态势感知及反窃电技术等内容进行了理论分析、方法设计、装置研制和实验验证。本书分为 7 章：第 1 章介绍存在的问题、主要问题分析及技术展望；第 2 章介绍用电异常态势感知与信息动态处理技术，从用电异常态势感知技术原理、感知信息提取及分析方法、台区感知系统设计方案、窃电等异常用电行为模型设计等方面进行阐述；第 3 章介绍智能塑壳断路器设计方案、主要硬件设计、系统软件设计等内容，详细介绍主要设计参数、性能指标及应用效果；第 4 章介绍基于智能量测开关的拓扑识别技术方案、特征电流模块设计、CT 取电电路设计、拓扑识别流程及通信协议设计，搭建试验平台，并对试验效果进行分析；第 5 章介绍基于电力物联网的智能防窃电计量箱总体设计方案、工作原理、主要硬件设计、系统软件设计、箱内低压电流互感器智能监测设计、系统功能实现等；第 6 章基于现有国家标准对电能表抗强磁干扰的要求，分析强磁场对电能表计量性能的影响，提出防强磁干扰电能表的设计思路、设计方案和实现方式，实现对运行环境中交变和恒定强磁干扰的实时检测和报警；第 7 章介绍异常用电精确定位和在线监控系统可拆卸式解决方案和固定式解决方案，提出基于该系统的精细线损计算方法，实现精益线损及窃电分析、故障监测分析、线路监测分析、电量采集分析、停电事件精准上报等功能。

本书主要面向从事电能计量、电能表检测、用电信息采集、用电稽查、配用电运维等工作的技术人员及管理人员，供其学习、培训时参考使用。

本书在出版过程中，得到了智能电气量测与应用技术湖南省重点实验室的帮助和支持，在此表示感谢!

由于编写时间比较仓促，书中难免存在疏漏和不妥之处，敬请批评指正。

编　者

2022 年 6 月

目 录

第1章 概 述

1.1 存在的问题

随着科学技术的发展，窃电手段不断翻新，窃电案件出现设备智能化、行为隐蔽化、实施规模化、手段专业化、窃电职业化、宣传网络化的特点，窃电违法犯罪整体呈现出蔓延和扩大趋势。窃电等异常用电行为不仅损害了国家和电力企业的经济利益，还危及电网的正常运行，阻碍电力工业的正常发展。因此，窃电等异常用电问题仍是一个亟待解决的难题。

在大数据时代背景下，基于各个系统所采集的大量电力数据，分析用户的统计数据，对计量、用电异常进行定位，将极大地提高反窃电的效率。然而，目前基于营销业务应用系统、用电信息采集系统、一体化线损系统等的用电异常态势技术研究还处于初步阶段，大多数选取功率或有功电量作为窃电判据中的电气参考量，对因窃电而引起的电气参量的变化规律分析不足，缺乏辨识窃电现象的理论依据。同时，对于高损台区没有针对短接、分压、分流、断流、移相等窃电信息的科学、智能的监测手段、处理技术，缺少具有运行监测、台区信息采集、信息自适应智能处理等功能的智能反窃电监测装置。随着国家电网公司智能电能表“全覆盖、全采集、全费控”工程的逐步完成，实现了对所有供电用户用电信息的实时采集和监控，结合气象和经济等多行业的数据监测和分析，为基于数据驱动的异常用电行为检测提供了基础。然而，所获取的海量数据中含有大量的冗余信息，窃电等异常用电行为识别模型的复杂性及硬件实现的复杂程度会随着特征空间维数的增加而快速增加，而且含有大量冗余信息的特征往往会对模型的识别性能产生很大影响。

因此，开展用户窃电等用电异常监控及主动运维技术研究，不仅具有明确的理论意义，也具有相当重要的应用价值。

1.2 主要问题分析

态势感知技术应用于电力系统，可促进电网自动化各系统应用功能的融合，显著提升电力系统的智能化水平，有效提高电网运行效率，为电网安全稳定运行提供有力保障。其重要的预测能力和决策支持能力，是实现真正智能电网所不可或缺的重要组成部分。国内电网态势感知技术的应用研究起步较晚，目前主要运用于电力系统广域安全防御体系基础理论及关键技术研究、电网调度的可视化技术和预警系统研究、基于态势感知的电网运行轨迹表征方法研究等项目。虽然国内已开始采用大数据分析技术，多维度分析用电信息、表计状态、异常报警、线路线损等数据信息，快速定位异常用电用户，系统化、常态化开展反窃电分析、预警、排查和处理工作，但尚未结合季节用电特性、社会经济等多源信息，运用态势感知技术深度构建动态反窃电诊断模型集，无法有效解决人工进行反窃电监控分析存在的排查工作量大、精准度低的瓶颈，无法为一线用电检查及反窃电人员精准、高效开展反窃电分析和查处工作提供可靠的技术支撑。本书将研究基于时频分析的台区用电特征提取算法，构建基于时间匹配的计量信息与损耗动态实时变化融合模型，建立基于损耗动态实时变化与计量信息综合比对的异常用电行为定位方法、智能反窃电监控及决策方法，解决窃电等异常用电精准定位的难题。

虽然电力设备管理平台的技术在国内外已经趋于成熟和完善，但是针对低压台区的实时监控、负荷预测、故障诊断和台区寿命预测的研究不是很成熟。受限于技术和成本，低压台区设备信息管理、台区状态监测和故障诊断综合管理平台并没有真正实现统一和商用化。从现有的国内外技术来看，比较缺乏将高损台区的监测与反窃电技术紧密结合的案例，对于台区线损治理与反窃电的结合不够紧密。本书将探究台区损耗与窃电等异常用电行为的内在联系，为台区监测与反窃电工作提出新的思路。

随着社会经济的发展，窃电手段日趋多样化，窃电技术日趋隐蔽化、智能化，窃电等异常用电行为日趋产业化，并逐步向港口岸电、工业电锅炉、电动汽车、居民煤改电、农排灌溉等电气化能源消费终端领域渗透，该类行业中的窃电等异常用电行为应受到广泛关注。因此，通过技术手段实现全要素用电模式、全类别窃电方式精准分析和定位，对于保障电网公司经营成果颗粒归仓具有极其重要的意义。

随着全社会用电量的不断增长，窃电问题变得越来越突出，给电力系统和电网企业带来了巨大的经济损失。高供低计用户和公变三相工商用户，具有数量多、用电量大的特点，相对于居民用户，该类用户窃电损失更为严重，影响了正常的用电环境。电网线损是供电企业的重要经济和技术指标，最大限度降低线损率，特别是降低管理线损、打击窃电行为，是保障电网安全、提高供电可靠率、维护电力市场秩序、确保供电企业效益的紧迫要求。因此，如何从技术上和管理上减小线损，从源头上及时发现和杜绝窃电行为，已经成为电力部门最紧迫的工作之一，并具有直接的经济利益和社会效益。进行各种防窃电技术研究，一直是电测量领域研究的热点和难点。现有的研究和技术手段均未有效解决低压大用户和低压工商用户的防窃电问题。针对高供低计和公变三相工商用户，本书重点介绍了一种结构简单、能实时监控现场用电情况，并能在窃电时远程分断输电线路的用电监控装置。

智能电网的故障抢修、线损管理、反窃电等功能应用广泛，但是由于现在系统的拓扑与实际拓扑不一致，导致最终的数据准确性大大降低。在低压配电网中，网络拓扑信息的缺失或不准确是一个值得关注的问题。准确的用户侧相位和拓扑连接关系对配电网的运维管理具有重要意义。当前主要开展了网络拓扑识别的方法和算法、基于空间的配电设备盲拓扑识别方法等的理论研究，开展了配电变压器和馈线连接关系识别、基于配电网大数据的拓扑识别等的应用技术研究，尚未开展基于智能低压开关的拓扑识别技术研究。因为智能低压开关安装在低压配电网的各个层级，节点分布完整，便于对整个台区的拓扑进行完整识别，所以基于智能低压开关的配电网拓扑识别具有先天的技术优势。本书将从智能低压开关的拓扑识别技术方案研究着手，分别对拓扑电流识别、特征信号编码等关键技术进行设计和实现。

1.3 技术展望

（1）分布式能源和电动汽车等大量强时空随机柔性负荷的接入，导致电网信号产生动态畸变，干扰成分明显，引起严重同步相量测量误差，影响广域测量系统实时监测的有效性，妨碍窃电等异常用电行为的有效判别。因此，如何在强时空随机柔性负荷冲击情况下，快速准确测量电网动态同步相量，成为今后亟须解决的问题。

（2）直流供电越来越广泛，直流与交流供电的电气量特征具有很大差别，如何对直流供电系统进行防窃电分析是一个值得研究的问题。

（3）随着以新能源为主体的新型电力系统的建设，如何实现分布式光伏、风电等新能源的可观、可测、可控将是今后研究的热点。同时，在新型电力系统背景下的异常用电行为监控技术也将是值得深入研究的课题。

（4）在“双碳”计量的背景下，相关技术研究得到了空前的重视，如何建立“双碳”计量的异常模型，实现“双碳”计量的异常定位，维护“双碳”计量的科学、公平、公正、准确，将是今后的一个重点研究方向。

第2章　用电异常态势感知与信息动态处理技术

台区用电信息感知为窃电等异常用电行为判别与定位提供数据基础，本章将重点阐述台区感知技术原理，介绍感知信息提取、分析方法及台区感知系统方案等内容。感知信息的处理为窃电等异常用电行为判别与定位提供技术支撑，本章还将阐述高损台区监测与信息动态自适应处理技术原理，介绍用电特征提取、窃电分析算法及窃电等异常用电行为模型等内容。

2.1　用电异常态势感知技术

2.1.1　技术原理

用电异常态势感知是对当前和未来用户异常用电状态的感知及预测。台区用电信息感知系统是运用通信技术、计算机技术和自动控制技术对电力负荷进行监控、管理的综合系统，对电力用户的用电信息进行采集、处理和实时监控，实现用电信息的自动采集、计量异常监测、电能质量监测、用电分析和管理、相关信息发布、分布式能源监控、智能用电设备的信息交互等功能，系统结构如图2-1所示。

特定用户的用电状态可以通过电压、电流、有功、无功和功率因数等参数的变化特性来表示，因此，基于台区用电信息采集系统抄读的电能表信息，通过建立数学模型，可以分析用户的用电状态；通过电压数据，可以判断用户是否断相、过电压、失电压、掉电、上电等；通过电流数据，可以判断用户是否失电流、逆相序、超负荷、三相电流不平衡、电流互感器一次短路、电流互感器二次短路等以及这些现象发生的时间；通过上送的功率曲线，可以与历史功率曲线进行比对，及时发现用户的负荷变动情况等。

2.1.2　改进时频分析方法

采用改进时频分析方法——小波包分解（wavelet packet decomposition，

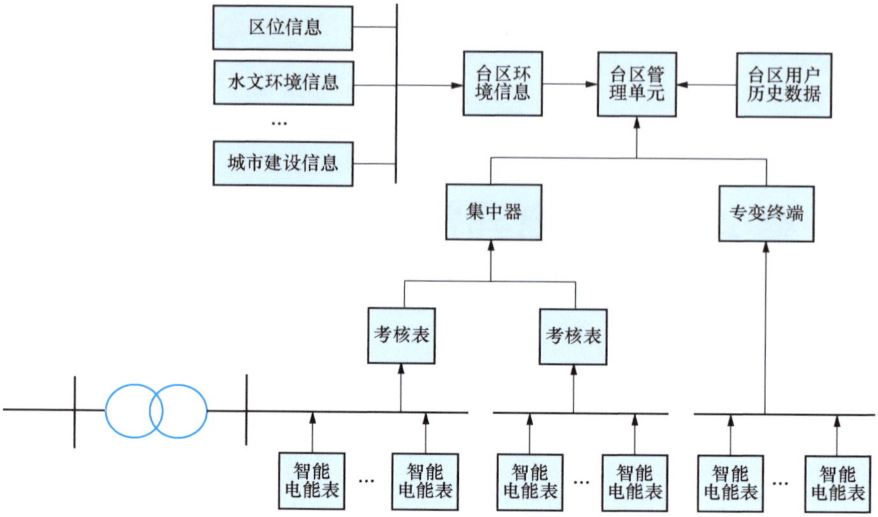

图 2-1　台区用电信息感知系统结构

WPD）进行台区用电信息特征的提取和分析。小波包分析能够为信号提供一种更加精细的分析方法。小波（wavelet）即小区域的波。小波函数的确切定义为：设 $\psi(t)$ 为一平方可积函数，也即 $\psi(t)\in L^2(R)$，若其傅里叶变换 $\Psi(\omega)$ 满足条件

$$\int_R \frac{|\Psi(\omega)|}{\omega}\mathrm{d}\omega < \infty \tag{2-1}$$

则称 $\psi(t)$ 为一个基本小波或小波母函数，并称其为小波函数的可容许条件。

1. 连续小波基函数 $\psi_{a,\tau}(t)$ 的定义

将小波母函数 $\psi(t)$ 进行伸缩和平移，设其伸缩因子（又称尺度因子）为 a，平移因子为 τ，令其平移伸缩后的函数为 $\psi_{a,\tau}(t)$，则有

$$\psi_{a,\tau} = a^{-\frac{1}{2}}\psi\left(\frac{t-\tau}{a}\right), a > 0, \tau \in R \tag{2-2}$$

称 $\psi_{a,\tau}(t)$ 为依赖于参数 a、τ 的小波基函数。由于尺度因子 a、平移因子 τ 是取连续变化的值，因此称 $\psi_{a,\tau}(t)$ 为连续小波基函数。

2. 尺度空间和小波空间的概念

设 $e_k(t)$ 为一函数序列，X 表示 $e_k(t)$ 所有可能的线性组合构成的集合，即

$$X = \left\{\sum_k a_k e_k(t); t, a_k \in R, k \in Z\right\} \tag{2-3}$$

X 为由序列 $e_k(t)$ 张成的线性空间，记作

$$X = span\{e_k\} \tag{2-4}$$

也即对任意 $g(t)\in X$，有

$$g(t)=\sum_k a_k e_k(t) \tag{2-5}$$

定义函数 $\phi(t)\in L^2(R)$ 为尺度函数，若其整数平移系列 $\phi_k(t)=\phi(t-k)$ 满足

$$\langle \phi_k(t),\phi_{k'}(t)\rangle=\delta_{kk'} \tag{2-6}$$

定义 $\phi_k(t)$ 在 $L^2(R)$ 空间张成的闭子空间为 V_0，为零尺度空间

$$V_0=\overline{span_k\{\varphi_k(t)\}},k\in Z \tag{2-7}$$

则由式（2-5）可知，对于任意 $f(t)\in V_0$，有

$$f(t)=\sum_k a_k\phi_k(t) \tag{2-8}$$

同小波函数相似，假设尺度函数 $\phi(t)$ 在平移的同时又进行了尺度的伸缩，从而得到一个尺度和位移均可变化的函数集合

$$\phi_{j,k}(t)=2^{-\frac{j}{2}}\phi(2^{-j}t-k)=\phi_k(2^{-j}t) \tag{2-9}$$

则称每一固定尺度 j 上的平移系列 $\phi_k(2^{-j}t)$ 所张成的空间 V_j 为尺度 j 的尺度空间

$$V_j=\overline{span_k\{\phi_k(2^{-j}t)\}},k\in Z \tag{2-10}$$

同样由公式（2-5）知，对于任意 $f(t)\in V_j$，有

$$f(t)=\sum_k a_k\phi_k(2^{-j}t)=2^{-\frac{j}{2}}\sum_k a_k\phi(2^{-j}t-k) \tag{2-11}$$

因此，尺度函数 $\phi(t)$ 在不同尺度下其平移系列张成了一系列的尺度空间 $\{V_j\}_{j\in Z}$。

3. 多分辨率分析

多分辨率分析指的是满足下述性质的一些列闭子空间 $\{V_j\}$，$j\in Z$：

(1) 一致单调性：$\cdots\subset V_2\subset V_1\subset V_0\subset V_{-1}\subset V_{-2}$ （2-12）

(2) 渐进完全性：$\bigcap_{j\subset Z}V_j=\{0\}$；$\bigcup_{j\in Z}V_j=L^2(R)$ （2-13）

(3) 伸缩规则性：$f(t)\in V_j\Leftrightarrow f(2^jt)\in V_c,j\in Z$ （2-14）

(4) 平移不变性：$f(t)\in V_0\Rightarrow f(t-n)\in V_0$，对所有 $j\in Z$ （2-15）

(5) 正交基存在性：存在 $\phi\in V_0$，使得 $\{\varphi(t-n)\}_{n\in Z}$ 是 V_0 的正交基，即

$$V_0=\overline{span_n\{\phi(x-n)\}},\int\phi(t-n)\phi(t-m)\mathrm{d}x=\delta_{m,n} \tag{2-16}$$

由以上分析可知，多分辨率分析的系列尺度空间是由同一尺度函数在不同尺度下张成的，也即一个多分辨率分析 $\{V_j\}_{j\in Z}$ 对应一个尺度函数。下面定义尺度空间 $\{V_j\}_{j\in Z}$ 的补空间。设 W_m 为 V_m 在 V_{m-1} 的补空间，即

$$V_{m-1}=V_m\oplus W_m,W_m\perp V_m \tag{2-17}$$

显然，任意子空间 W_m 与 W_n 是相互正交的（空间不相交），并且 $W_m\perp$

W_n。当 $m \neq n$ 且 m、$n \in Z$ 时，由式（2-14）和式（2-15）可知

$$L^2(R) = \oplus_{j \in Z} W_j \tag{2-18}$$

因此，$\{W_j\}_{j \in Z}$ 构成了 $L^2(R)$ 的一系列正交子空间。并且由式（2-11）可得

$$W_0 = V_{-1} - V_0$$

且

$$W_j = V_{j-1} - V_j \tag{2-19}$$

若 $f(t) \in W_0$，则 $f(t) \in V_{-1} - V_0$。由式（2-14），可得 $f(2^{-j}t) \in V_{j-1} - V_j$，即

$$f(t) \in W_0 \Leftrightarrow f(2^{-j}t) \in W_j \tag{2-20}$$

设 $\{\psi_{0,k};\ k \in Z\}$ 为空间 W_0 的一组正交基，由式（2-13）对所有尺度 $j \in Z$，$\{\psi_{j,k} = 2^{-\frac{j}{2}}\psi(2^{-j}t - k);\ k \in Z\}$ 必为空间 W_j 的正交基。因此，根据式（2-12），$\psi_{j,k}$ 的整个集合 $\{\psi_{j,k};\ j \in Z,\ j \in Z\}$ 必然构成了 $L^2(R)$ 空间的一组正交基。此处的 $\psi_{j,k}(t)$ 正是由同一母函数伸缩平移得到的正交小波基。因此，可称 ψ 为小波函数，相应地称 W_j 是尺度为 j 的小波空间。

4. 二尺度方程及多分辨率滤波器组的定义

二尺度方程是多尺度分析赋予尺度函数 $\phi(t)$、小波函数 $\psi(t)$ 的最基本特征，它描述的是两个相邻尺度空间 V_{j-1} 和 V_j，或相邻的尺度空间 V_{j-1} 和小波空间 W_j 的基函数 $\phi_{j-1,h}(t)$、$\phi_{j,h}(t)$ 和 $\phi_{j-1,k}(t)$、$\phi_{j,k}(t)$ 之间的内在的本质联系。

由多分辨率分析概念可知，$\phi(t)$、$\psi(t)$ 分别为尺度空间 V_0 及小波空间 W_0 的一个标准正交基函数。由于 $V_0 \in V_{-1}$、$W_0 \in V_{-1}$，所以 $\phi(t)$、$\psi(t)$ 也必然属于 V_{-1} 空间，也即 $\phi(t)$、$\psi(t)$ 可用于 V_{-1} 空间的正交基 $\phi_{j-1,h}(t)$ 线性展开：

$$\phi(t) = \sum_n h_0(n)\phi_{-1,n}(t) = \sqrt{2}\sum_n h_0(n)\phi(2t - n) \tag{2-21}$$

$$\psi(t) = \sum_n h_1(n)\phi_{-1,n}(t) = \sqrt{2}\sum_n h_1(n)\phi(2t - n) \tag{2-22}$$

其中展开系数 $h_0(n)$、$h_1(n)$ 分别为

$$h_0(n) = \langle \phi, \phi_{-1,n} \rangle$$

$$h_1(n) = \langle \psi, \psi_{-1,n} \rangle \tag{2-23}$$

式（2-21）和式（2-22）描述的是相邻二尺度空间基函数之间的关系，所以称此两式为二尺度方程。滤波器组系数 $h_0(n)$、$h_1(n)$ 描述了两尺度空间函数之间的内在联系，并且唯一地对应于 $\phi(t)$ 和 $\psi(t)$。

5. 小波包分析方法

为了对小波包的定义进行介绍，我们先对所采用的记号做一些说明。

令正交小波基的滤波器系数分别为 h_n 和 g_n，并将尺度函数记为 $u_c(t)$，小波函数记为 $u_1(t)$，于是二尺度方程变为

$$\begin{cases} u_0(t) = \sqrt{2}\sum_{k\in Z} h_k u_0(2t-k) \\ u_1(t) = \sqrt{2}\sum_{k\in Z} g_k u_0(2t-k) \end{cases} \tag{2-24}$$

并令 $P_0(z)$、$P_1(z)$ 分别表示离散序列 h_n、g_n 的 Z 变换，即

$$\begin{cases} P_0(z) = \dfrac{1}{\sqrt{2}}\sum_{k\in Z} h_k z^k \\ P_1(z) = \dfrac{1}{\sqrt{2}}\sum_{k\in Z} g_k z^k \end{cases} \tag{2-25}$$

对式（2-17）两边做傅里叶变换，用 $\hat{u}_0(\omega)$ 表示 $u_0(t)$ 的傅里叶变换，用 $\hat{u}_1(\omega)$ 表示 $u_1(t)$ 的傅里叶变换，根据式（2-18），得

$$\begin{cases} \hat{u}_0(\omega) = P_0(e^{-\frac{i\omega}{2}})\hat{u}_0\left(\dfrac{\omega}{2}\right) \\ \hat{u}_1(\omega) = P_1(e^{-\frac{i\omega}{2}})\hat{u}_1\left(\dfrac{\omega}{2}\right) \end{cases} \tag{2-26}$$

称由公式

$$\begin{cases} u_{2n}(t) = \sqrt{2}\sum_{k\in Z} h_k u_n(2t-k) \\ u_{2n+1}(t) = \sqrt{2}\sum_{k\in Z} g_k u_n(2t-k) \end{cases} \tag{2-27}$$

定义的函数的集合 $\{u_n(t)\}_{n\in Z}$ 为由 $u_c = \dot{\phi}$ 所确定的小波包。因此，小波包 $\{u_n(t)\}_{n\in Z}$ 是包括尺度函数 $u_0(\phi)$ 和小波母函数 $u_1(\varphi)$ 在内的一个具有一定联系的函数的集合。

小波包分析能够为台区用电信息特征提取提供一种更加精细的分析方法。相对于傅里叶变换等分析方法而言，小波包分析将台区用电信息的信号时频平面划分得更为细致，它对信号的高频部分的分辨率要比二进小波高。而且，它在小波分析理论的基础之上引入了最优基选择的概念，即：将频带经过多层次的划分之后，根据被分析台区用电信息的信号特征，自适应地选取最佳基函数，使之与信号相匹配，以提高分析能力。因此，小波包具有广泛的应用价值。小波包分析方法主要应用于现场终端和后台系统现场感知信息的提取分析。

6. 多模态数据融合分析方法

多模态数据融合分析方法是通过模态间信息的互补来学习更加准确的复

杂数据特征，从而支撑后续的决策、预测和分类。相对于多源异构数据融合等分析方法而言，多模态数据是指对于同一个描述对象，通过不同领域或视角获取到的数据，并且把描述这些数据的每一个领域或视角称为一个模态。在多模态数据中，每个模态能够为其余模态提供一定的信息，即模态之间存在一定的关联性。用多模态数据融合算法来处理台区内的用户数据，可以对用户的用电特征进行区分，从而为窃电等异常用电行为特征的抓取提供更为有效的途径。多模态数据融合分析方法主要应用于现场终端和后台主站对窃电等异常用电行为特征信息的抓取，从而精准定位窃电等异常用电行为。

多模态数据的融合分析算法阐述如下：

给定连续收集的多模态数据集 $X=\{X^{(v)}\}_{v=1}^{V}$，其中包含 n 个数据实例的 V 个模态特征集。$X^{(v)}\in R^{d_t\times n}$用来表示在第 v 个模态特征集内，包含 d_v 维特征向量的n 个数据实例。

在多模态数据集中，有些数据特征集只包含［0，1］稀疏化表示实例。基于此，利用存在的概率分布构建类似模态的聚类结构描述。假设聚类簇 R_k 包含 n_k 个数据实例$R_k=\{x_1，x_2，\cdots，x_{n_k}\}$，我们定义 $x_j(j=1，2，\cdots，n_k)$ 的稀疏模态 v 下的元信息特征向量 $x_j^{(v)}=[x_j^{(v),1}，x_j^{(v),2}，\cdots，x_j^{(v),d_v}]$，其中 $x_j^{(v),m}$ 对应数据标签表中的第m 个标签t_m。$x_j^{(v),m}$ 的取值如下

$$x_j^{(v),m}=\begin{cases}1,\text{if } t_m\in x_j\\0,\text{otherwise}\end{cases} \tag{2-28}$$

因此，簇 R_k 的第 v 个特征模态结构可以利用其中性点表示为 $C_k^{(v)}=[C_k^{(v),1}，C_k^{(v),2}，\cdots，C_k^{(v),d_v}]$。其中 $C_k^{(v),m}$ 为第m 个标签在簇类R_k 中出现的概率，具体定义如下

$$C_k^{(v),m}=p(t_m\mid C_k^{(v)})=\frac{\sum_{j=1}^{n_k}x_j^{(v),m}}{n_k} \tag{2-29}$$

当新加入数据实例 $\{x^{(v)}\}_{v=1}^{V}$被划分到聚类簇 R_k 中，第 m 个标签在簇类 R_k 中出现的概率更新如下

$$p(t_m\mid \hat{c}_k^{(v)})=\frac{\sum_{j=1}^{n_k+1}x_j^{(v),m}}{n_k+1}=\frac{n_k}{n_k+1}p(t_m\mid C_k^{(v)})+\frac{x_{n_k+1}^{(v),m}}{n_k+1} \tag{2-30}$$

由此，可以得到簇 R_k 中的第m 个标签存在的概率 $C_k^{(v),m}$ 学习策略的一般表达形式，即

$$\hat{C}_k^{(v),m}=\frac{n_k}{n_k+1}C_k^{(v),m}+\frac{x_{n_k+1}^{(v),m}}{n_k+1} \tag{2-31}$$

由于 $x_{n_k+1}^{(v),m}$ 等于 0 或 1，公式可以进一步简化为

$$\hat{C}_k^{(v),m}=\begin{cases}\eta C_k^{(v),m},\text{if } x_{n_k+1}^{(v),m}=0\\ \eta\left(C_k^{(v),m}+\dfrac{1}{n_k}\right),\text{otherwise}\end{cases} \tag{2-32}$$

式中：$\eta=\dfrac{n_k}{n_k+1}$。

边缘计算随着互联网和移动行业的发展而得到普遍应用，它描述了一种架构，在这种架构里，靠近用户节点预取和缓存网络数据，通过超低延迟来改善客户体验。在物联网的背景下，边缘计算意味着大多数设备计算任务都是在现场执行的，这些任务可以在终端节点或网关（作为连接简单终端节点和互联网的桥梁）中完成。相对于云计算的远端计算，边缘计算则是在靠近物理环境或数据源头的本地计算，力求实现本地化的实时采集、即时计算、在线诊断、及时响应和准确控制。具有计算和通信功能的大规模信息物理系统（cyber physical system，CPS）单元，可通过 CPS 的边缘计算，使数据在边缘侧就能解决，更适合实时的数据分析和智能化处理。边缘计算聚焦实时、短周期数据的分析，具有安全、快捷、易于管理等优势，能更好地支撑 CPS 单元的实时智能化处理与执行，满足网络的实时需求，从而使计算资源更加有效地得到利用。在台区感知系统中，需要采集大量的环境信息，为提高系统的实时监测效率，相当一部分数据可在模块化的采集终端完成特征提取的运算。

2.1.3　台区感知系统设计方案

台区感知系统拓扑如图 2-2 所示。电量数据从硬件层采集，通过网络同步到数据库服务器存储，实时电量是电网工作人员需要监控的数据。整个系统设计分成两部分：

（1）中间件的数据通信。硬件采集数据受限于本地存储区的大小，需要将数据同步到数据库中，这涉及通信协议编解码和数据持久化方案的研究和设计，是整个系统能否使用最为重要的环节。

（2）针对实时数据的管理。浏览器访问，提供数据的管理功能，核心功能是监控数据实时展示和历史数据查询，这是系统最为重要的内容。其中，实时数据展示采用 Web Socket 全双工的方案，保证采集的数据推送到绑定的客户端。历史数据可视化，采用 Echart 的方案。

结合电力硬件设备和物联网技术的发展而建立的低压智能台区监控系统，通过智能终端数据采集、数据传输、数据存储、数据分析和计算、远程推送等一系列过程实现对低压台区运行情况的实时感知和远程控制已经完全成为

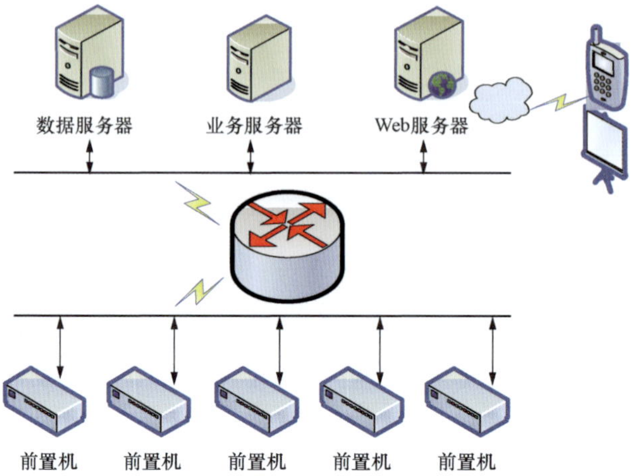

图 2-2　台区感知系统拓扑图

现实。以低压台区感知为核心功能需求的低压台区智能监控系统主要完成智能终端实时监控和实时数据服务器采集存储。其中，智能终端负责监控配电变压器低压侧的实时工作数据，并定时通过通信网路将实时数据上传到服务器存储，最后通过 Web 技术方案实现数据的管理。低压台区智能监控系统解决低压台区人工管理成本高、管理水平低和监控不到位的问题，实现对低压台区配电变压器和一、二级开关的电压、电流等运行数据的实时采集，实现远程通信和遥控等功能。

同时，通过收集的电网数据的汇总分析，可以提前发现和预测配电网络中出现的潜在威胁。通过对平台数据的预测分析，可以针对性地对配电设备进行检修和调整，提升电力设备的正常工作，提高低压台区的供电可靠率。结合大数据存储和预测算法，建立完整可靠的预测模型，从而帮助电网工作人员作出正确的决策。

高损台区的损耗分为可变损耗、固定损耗和其他损耗。电能在输送的过程中会经过许多的变压器，为了保证电压质量，还需要许多无功调节器，如调相器、电抗器、电容器、电力互感器、消弧线圈等装置。电流流过上述装置时，就会产生一定的损耗，为铜损。该部分损耗与流过的电流的平方成正比，电流的大小随时可能发生变化，因此这部分损耗是可变的，所以称为可变损耗。电网中的变压器、互感器、电容器、电抗器及消弧线圈等设备，当它们有电压时，会在其内部产生一定的损耗，称为铁损。这部分损耗与运行电压的大小有关，一般电网中的电压波动较小，变化可以忽略，这部分固定不变的损耗称为固定损耗，也称空载损耗。还有一部分损耗是由于企业管理方面所造成的损耗，如计量装置精确度不高造成的计量误差，还有抄表人员抄表时间不统一及工作造成的错误，以及用户窃电等异常用电行为造成的损耗，这些损耗统称为其他损耗。

窃电等异常用电行为作为高损台区损耗的一部分，在实际窃电检测中，窃电等异常用电行为的多样化及其表现特征的差异性使单一的检测方式无法满足所有的检测需求。在这种情况下，建立一种基于多模态数据融合的异常用电智能分析模型，根据不同窃电手段可能导致的不同电气特征和行为特征进行独立检测评估，然后采用多模态数据特征融合算法将独立评估结果进行融合，形成最终的评估结果，并基于综合评估结果展开异常用电行为的检测与定位。

现有的窃电方法多种多样，这些窃电等异常用电行为的特性均可以从电能表的记录分析中得出，无论电能表是停转、反转、慢转，用户的用电情况均会有记录数据。可以通过分析用户的用电行为，也就是通过用户电压、电流、电量、功率因数（相位角）、线损等的变化来分析用户是否存在窃电。用户电压、电流、电量、功率因数（相位角）、线损等不可能恒定不变，一定存在轻微的变化，而且这种微小的变化与窃电无关。但是如果变化的幅度超过一定的数值，就可以确定为异常。通过用电异常分析，可以判断用户是否存在窃电。

基于现有的研究成果，利用改进时频分析方法进行用户用电信息特征的提取和分析，形成用户现场窃电等异常用电行为特征库。在用户现场窃电等异常用电行为特征库的基础上，应用矩阵理论知识建立关联矩阵，通过图论方法把关联矩阵抽象化，求取其关联矩阵的解。综合特征库与关联矩阵建立用户现场窃电等异常用电行为辨识模型，可以为用户窃电等异常用电行为数据挖掘分析奠定基础。

2.2　高损台区监测与信息动态处理

2.2.1　技术方案

技术方案如图 2-3 所示，具体内容如下：

（1）研究高损台区多模态窃电信息智能监测与处理技术，建立分级监测体系。

分析高损台区损耗特征，结合台区的环境信息等非电气信息，研究台区的用电信息多模态信息融合方法，建立台区损耗特征信息库。研究窃电特征提取与定位算法，实现基于台区电参数时频特征的窃电识别与精准定位。

（2）研制物理架构上具备边缘计算、硬件模块化，实现运行监测、台区信息采集、信息自适应智能处理等功能的智能反窃电监测装置。

研究智能反窃电监测装置对台区运行状态的监测方式，将采集的台区信息不断累计并和内嵌的数据模型进行曲线分析，自适应相关算法进行重点监控或后续数据处理，定位窃电等异常用电行为。目前，虽然主站部分采用了大数据分析，但由于数据提供不完整、数据源不正确等因素，要准确、全面定位窃电用户的难度似“大海捞针”，查处窃电等异常用电行为的成效甚微。研究具备边缘计算能力的台区智能反窃电监测装置，能够对台区进行长期监测和信息处理，比后台数据的统一处理更为有效。

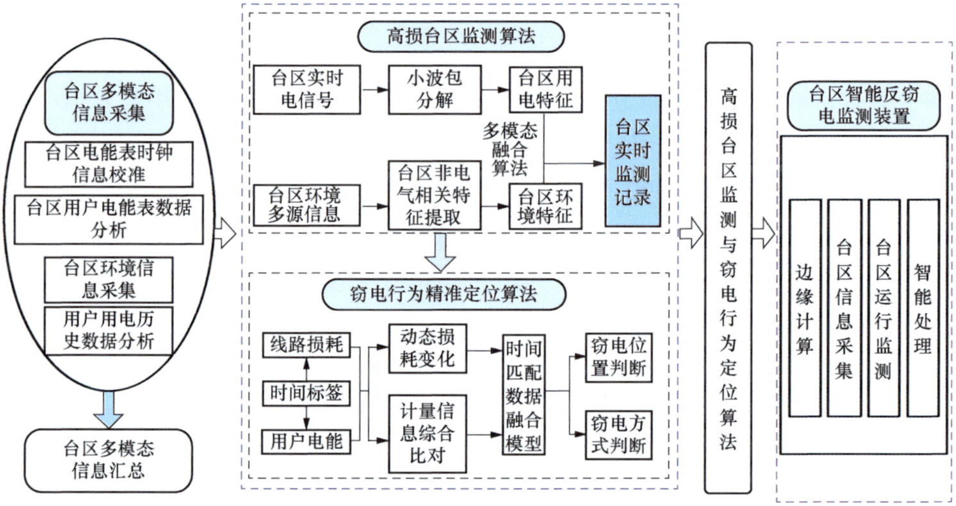

图 2-3 技术方案

2.2.2 窃电等异常用电行为精准定位算法

2.2.2.1 基于时频分析的台区用电特征提取算法

发生窃电时，采用精细化线损分析模型，对量测开关、电能表测量数据进行分支、分相、分段精细化线损分析，通过高分辨率的时频提取方法实现快速计算和分析，从而为窃电特征识别提供基础。

本书采用改进时频分析方法——小波包分解算法（WPD）进行台区用户用电信息特征的提取和分析（见图 2-4），并结合对台区内的温度、湿度、季节等非电气信息的多模态信息融合，实现对窃电损耗特征的抽离，形成台区窃电等异常用电行为监测记录，为进行台区窃电等异常用电行为定位奠定基础。

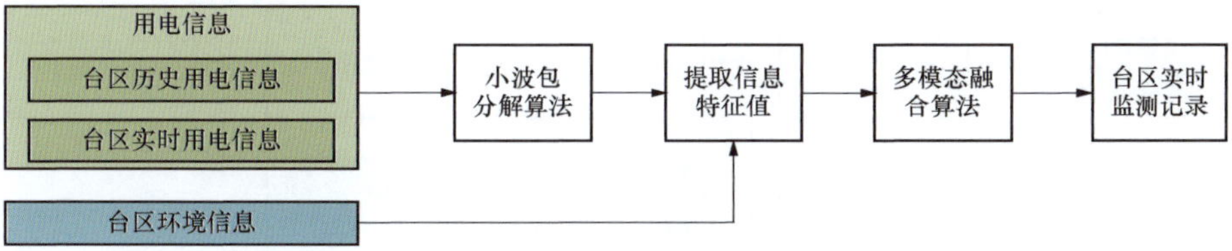

图 2-4　时频分析算法流程图

2.2.2.2　窃电等异常用电行为定位算法

在台区监测过程中，成功提取出窃电损耗特征后，还需要结合台区内用户的电能信息，通过对动态损耗和计量信息的综合比对，实现对用户用电特征甄别，将窃电等异常用电行为特征精准定位到户。本书将以损耗动态变化特征与电量数据综合比对为依托，通过对损耗动态变化过程添加高准确度的时间标签，建立高准确度损耗动态实时变化特征模型，构建基于时间匹配的计量信息（端口电能计量值、回路线损、线路位置等信息）与损耗动态实时变化融合模型，建立基于损耗动态实时变化与计量信息综合比对的窃电等异常用电行为定位方法，窃电行为定位算法流程如图 2-5 所示。

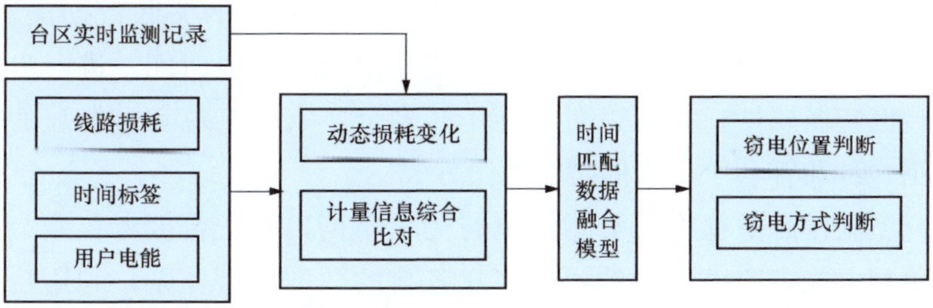

图 2-5　窃电行为定位算法流程

2.2.2.3　台区反窃电监测的分级方法

分析各类高损台区发生的原因，并进行归纳汇总，确定多种模态下窃电信息的典型数据模型。查找并处理因为户变关系不正确或时钟误差过大导致的数据源不正确情况，针对公变用户、单相电能表和三相电能表分别建立相应的自适应数据分析模型，建立依托数据源分析、窃电等异常用电行为分析以及接线故障分析的分级监测体系，分析流程如图 2-6 所示。

2.2.3　窃电等异常用电行为模型设计

2.2.3.1　设计思路

通过研究用户窃电等异常用电行为模型，使物理架构具备边缘计算及硬件模块化，实现运行监测、台区信息采集、信息自适应智能处理等功能的智

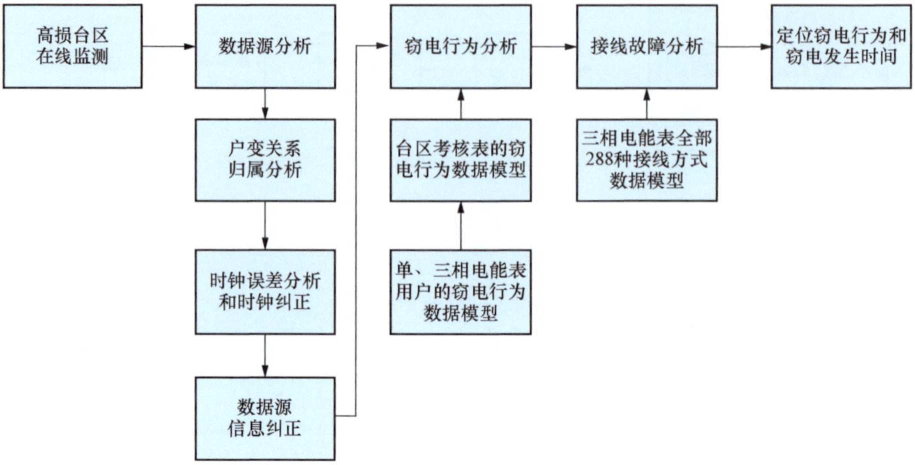

图 2-6　分析流程图

能反窃电监测装置。基于用电特征提取及窃电分析算法研究基础，并结合实际应用场景，指导反窃电监测装置的设计，解决实际中可能出现的问题，诸如：线损计算时户变关系不正确直接会导致线损计算的错误，时钟误差过大会导致数据的偏差较大等。本书采用电能表掉电时间的关联数据提取方法，从所有电能表历史掉电事件中确定一组或几组台区停电时间，进一步确定电能表的台区归属属性。并通过对现存 100 多个厂家的终端和电能表的功能交互，介绍一种兼容各个厂家的时钟纠错方式。

研究多级模态下窃电等异常用电行为的不同，基于台区考核表、三相电能表、单相电能表窃电方式的不同建立各自的数据模型体系，利用台区现存的终端、电能表和外接无线电流采样设备采集监测台区运行状态信息，对比和窃电等异常用电行为数据模型的相似度，定位窃电等异常用电行为并记录发生时间。数据分析类型如表 2-1 所示。

表 2-1　　数据分析类型表

序号	数据类型	窃电行为分析模型		
		考核表	单相电能表	三相电能表
1	相线电流、零线电流	√	√	
2	开表盖事件记录	√	√	√
3	恒定磁场事件记录	√		
4	断相事件记录	√		√
5	失压事件记录	√		√
6	失流事件记录	√		√

续表

序号	数据类型	窃电行为分析模型		
		考核表	单相电能表	三相电能表
7	电能表的历史电量、冻结类电量	√	√	√
8	电能表负荷记录数据			√
9	电能表当前电压、电流、功率及功率因数	√		
10	外接设备电流曲线	√		

通过研制一个具备边缘计算能力的本地化台区智能反窃电监测装置，对台区进行长期监测和信息处理，及时发现和定位台区窃电等异常用电行为。

智能反窃电监测装置功能部分主要由多级数据获取、外部采样设备接入、户变关系分析、时钟误差纠正、窃电等异常用电行为分析、接线故障分析、数据存储、安全加密和数据分析输出等组成，如图 2-7 所示。

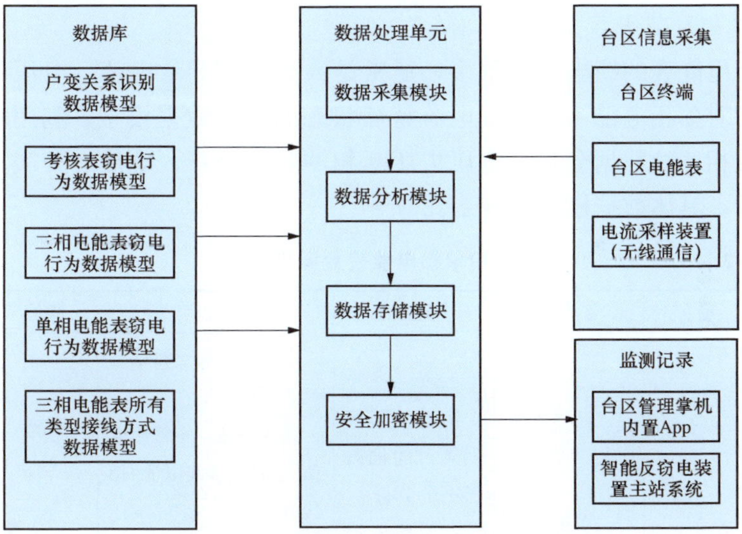

图 2-7　智能反窃电监测装置结构图

多级数据获取功能自动判断下装台区及电能表类型，针对不同类型进行相应的关联数据采集，为多级数据分析功能提供数据支持。外部采样设备接入功能用于接入各类无线通信的采样设备，从而获取终端及电能表不能提供的数据。户变关系分析功能用于发现和处理台区归属问题导致的线损计算误差；时钟误差纠正功能可供用户发现和处理因时钟不同步而导致的线损计算误差过大的问题。窃电等异常用电行为分析主要是依据考核表、单相电能表、三相电能表等多种模态下的不同窃电模型，对比数据获取的台区运行状态信息、定位窃电等异常用电行为类型和发生时间。接线故障分析功能通过内嵌的全部288种三相电能表接线方式模型及三相电能表负荷曲线来确定真实的接线方式，辅助对窃电等异常用电行为进行分析。数据存储功能将记录所有的原始数据和研判结果，可以由智能反窃电监测装置上级系统或App分析软件统一获取，并进行二次分析。安全加密模块将各个通信接口数据进行加密，防止信息泄露。数据分析输出模块用于连接外部安全设备，将分析结果进行展示。

2.2.3.2 台区窃电等异常用电行为数据模型

大部分台区窃电等异常用电行为均存在其用电特征的状态，将这些特征状态汇总并建立数据模型，监测并分析台区用电信息和数据模型的相似度，能够有效地定位并发现窃电等异常用电行为。电能计量设备类型不同，则相应的数据特征也不一样。数据模型按计量类型分为用户三相电能表和用户单相电能表两类。

1. 单相电能表数据模型

单相电能表的窃电类型很多，通常是人为接线导致电流、电压计量出现误差。针对单相电能表电压、电流特征状态的窃电数据模型，利用率最高的有零线及相线的数据分析、电压失压断相的数据分析、电能表开表盖事件的数据分析，具体数据模型如表2-2所示。

表2-2　　用户单相电能表数据模型表

名称	定义	数据源	实施方法	计算模型	阈值	用户类型
零、相线电流	零、相线数据异常	采集数据：单相电能表相线电流、零线电流	①数据采集间隔时间偏差值小于10s； ②零线电流大于相线电流，且在一定条件下满足线性比值关系； ③通过异常的线性关系筛除共零接线方式	①零线电流－相线电流＞阈值 k_1； 相线电流＞正常用电值 k_2 时，零线电流/相线电流（k_3 值）＞比值 k_4。 ②累计采样：正常次数＜M，异常次数＞N。通过 k_3 值线性关系计算筛选共零。 ③相线电流＞正常用电值 k_2，异常次数＞N，k_3 的方差值 $E(k_3)$＞方差门限阈值 k_4，认为发生共零	按需配置	单相电能表

续表

名称	定义	数据源	实施方法	计算模型	阈值	用户类型
电压断相	单相电能表供电异常	采集数据：断相事件记录、实时电压	电能表状态字有断相事件； 电能表断相事件中存在发生时间，没有结束时间； 实时电压符合断相模型	单相电能表发生断相仍能正常通信，认为发生窃电或电能表计量损坏	无	单相电能表
电压越下限（失压）	电压越下限	采集数据：失压事件记录、实时电压	电能表状态字有失压事件； 电能表失压事件中存在发生时间，没有结束时间； 实时电压符合失压模型	单相电能表发生失压仍能正常通信，认为发生窃电或电能表计量损坏	无	单相电能表
电能表开表盖	电能表开表盖	电能表的开表盖事件	①采集开表盖次数 N，若次数低于正常门限 K_1； ②采集发生次数的记录，判断持续时间 T 大于正常门限 K_2	当 $N<K_1$、$T>K_2$ 时，认为发生异常开表盖事件	K_1 为 50，K_2 为 60s	单相电能表

2．三相电能表数据模型

三相电能表的窃电大多为一相或是多相电压、电流的人为接线而导致电能表计量出现错误，窃电等异常用电行为和接线故障特征状态很相似，研究三相电能表的窃电等异常用电行为时必须结合接线故障的数据模型进行区分。研究三相电能表的窃电等异常用电行为需结合事件发生状态和电能表运行状态，通过多组数据模型的关联程序定位窃电等异常用电行为。常用的数据模型如表 2-3 所示。

表 2-3　　用户三相电能表数据模型表

名称	定义	数据源	实施方法	计算模型	阈值	用户类型
电能表开表盖	电能表开表盖	电能表的开表盖事件	①采集开表盖次数 N，若次数低于正常门限 K_1；②采集发生次数的记录，判断持续时间 T 大于正常门限 K_2	$N<K_1$、$T>K_2$，认为事件发生	K_1 建议为 50，K_2 建议为 60s	单相电能表、三相表
电压断相	计量回路的一相或多相电压断开	采集数据：电能表断相状态字、断相事件记录、实时电压	①电能表状态字有断相事件；②电能表断相事件中存在发生时间，没有结束时间；③实时电压符合断相模型	①三相三线： $U_a<KU_n$，$U_c \geqslant KU_n$ 或 $U_c<K\times U_n$，$U_a\geqslant K\times U_n$ ②三相四线： $U_a<KU_n$，$U_c \mid U_b\geqslant KU_n$ 或 $U_b<KU_n$，$U_c \mid U_a\geqslant KU_n$ 或 $U_c<KU_n$，$U_a \mid U_b\geqslant KU_n$	取值参考电能表规格	三相电能表
电流失流	三相电流中任一相或两相小于启动电流，且其他相线负荷电流大于 5% 额定（基本）电流的工况称为失流	采集数据：电能表失流状态字、失流事件记录	①电能表状态字有失流事件；②电能表失流事件中存在发生时间，没有结束时间	当 $0.7U_n\leqslant U\leqslant 0.9U_n$ 时， 三相三线： $I_a<0.5\%I_n$，$I_c\geqslant 5\%I_n$ 或 $I_c<0.5\%I_n$，$I_a\geqslant 5\%I_n$ 三相四线： $I_a<0.5\%I_n$，$I_b \mid I_c\geqslant 10\%I_n$ 或 $I_b<0.5\%I_n$，$I_a \mid I_c\geqslant 10\%I_n$ 或 $I_c<0.5\%I_n$，$I_a \mid I_b\geqslant 10\%I_n$	取值参考电能表规格	三相电能表

续表

名称	定义	数据源	实施方法	计算模型	阈值	用户类型
电压不平衡	电压不平衡越限	采集数据：电能表电压不平衡状态字、电压不平衡事件记录	①电能表状态字有电压不平衡事件；②电能表电压不平衡事件中存在发生时间，没有结束时间	三相三线：$\frac{\max(U_a, U_c)-\min(U_a, U_c)}{\max(U_a, U_c)}>K$ 三相四线：$\frac{\max(U_a, U_b, U_c)-\min(U_a, U_b, U_c)}{\max(U_a, U_b, U_c)}>K$	取值参考电能表规格	三相电能表
电流不平衡	电流不平衡越限	采集数据：电能表电流不平衡状态字、电流不平衡事件记录	①电能表状态字有电流不平衡事件；②电能表电流不平衡事件中存在发生时间，没有结束时间	$\frac{\max(I_a, I_b, I_c)-\min(I_a, I_b, I_c)}{\max(I_a, I_b, I_c)}>K$	取值参考电能表规格	三相电能表
电流过流	负荷电流持续超过额定电流	电流越限记录	①电能表状态字有过流事件；②电能表电流过流事件中存在发生时间，没有结束时间	$I_a \mid I_b \mid I_c > KI_{max}$	取值参考电能表规格	三相电能表

续表

名称	定义	数据源	实施方法	计算模型	阈值	用户类型
功率因数异常	日平均功率因数过低	电能表负荷记录	日正向有功总电量大于设定限值的情况下，采集日功率因数曲线，判断日平均功率因数是否不大于K		取值参考电能表规格	三相电能表
电能表开端钮盒	三相电能表开端钮盒	电能表的开端钮盒事件	采集开盖次数N，若次数低于正常门限K；采集发生次数的记录，若发持续时间T大于正常门限K_1，则认为事件发生	$N<K$、$T>K_1$，认为事件发生	K建议为50，K_1建议为60s	三相电能表
恒定磁场干扰	电能表受恒定磁场干扰	电能表恒定磁场干扰	采集开盖次数N，若次数低于正常门限K；采集发生次数的记录，若发持续时间T大于正常门限K_1，则认为事件发生	$N<K_1$、$T>K_2$，认为事件发生	K建议为50，K_1建议为60s	三相电能表

第 3 章　智能用电监控装置设计

本章针对当前低压大用户和低压工商用户防窃电难的问题，讲解塑壳断路器、低压电流互感器、三相电能表一体化设计方案，介绍一款集用电感知、远程控制等功能于一体的低压大用户智能用电监控装置，为精细化线损分析和打击窃电等异常用电行为提供技术手段。采用低压大用户远程监控及用电数据采集、分析方法，可解决对低压大用户精细化线损分析和远程控制的难题。通过低压大用户智用电监控装置，实现对低压大用户用电数据的远程监测及异常用电控制。

3.1 设 计 方 案

3.1.1 总体设计

智能用电监控装置主要由智能塑壳断路器和现场采集终端组成。以智能塑壳断路器作为核心元件，以采集终端作为与主站系统进行数据交互的通道。智能塑壳断路器通过内置的互感器实现对三相电流、电压、频率等数据的采集并进行计算，从而获取线路的电流、电压、功率、电量等；以通信模块作为数据传输通道，通过 GPRS 无线通信网络和主站进行数据通信，将采集到的各种数据上送到主站，分为主动上送和召测上送。同时，用电监测采集终端对主站下达的命令进行实时接收和处理。智能用电监控装置总体设计方案如图 3 - 1 所示。

用电采集终端与用电信息采集主站通过 GPRS 通道进行通信连接，以实现智能用电监控装置与主站之间的信息交互。智能塑壳断路器安装于变压器与用户表之间的输电线路上，采集终端与智能塑壳断路器通过 RS485 或载波通信方式进行连接，采集终端用于采集智能塑壳断路器检测的电压、电流、电量等数据并发送至主站与用户现场计量表计的电量进行对比，以判断是否有窃电等异常用电行为。用电信息采集主站可通过 GPRS 通道对现场智能用

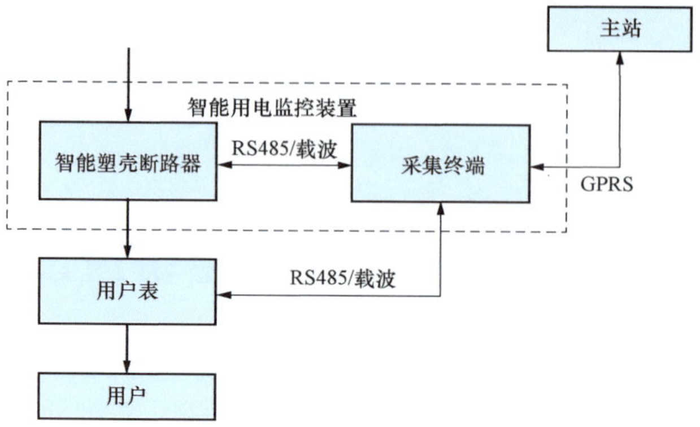

图 3-1　智能用电监控装置总体设计方案

电监控装置下达远程分、合闸指令，采集终端收到指令后，将指令通过 RS485 或载波通道传送给智能塑壳断路器，智能塑壳断路器收到指令后执行相应动作，并将分、合闸状态信息沿原路返回给后台主站。

智能用电监控装置可应用于高供低计的低压大用户，也可应用于低压工商用户，现场应用方案如图 3-2 所示。

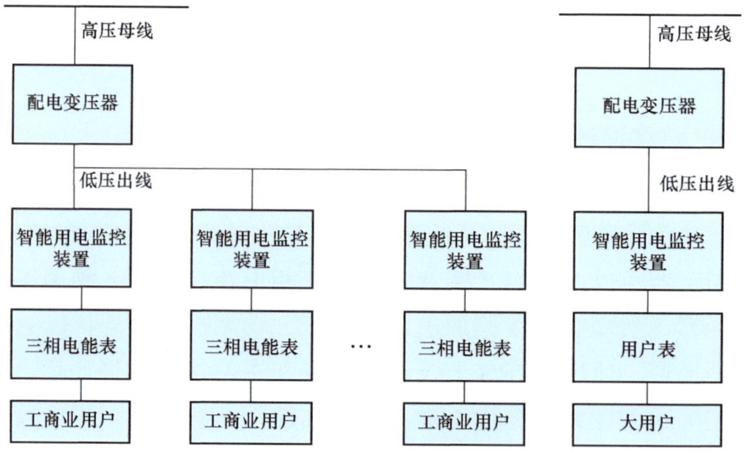

图 3-2　智能用电监控装置现场应用方案

智能用电监控装置还可实现实时抄读各环节电能数据（总表、各分支箱智能塑壳断路器、居民表），实时台区线损计算，通过载波通信方式对电动汽车充电桩、煤改电供暖设备等重要用电数据进行感知，实施远程用电控制等功能。

3.1.2　设计原理

智能塑壳断路器是智能配电台区应用的关键设备，主要由控制单元、信号处理单元、通信单元、电压采样单元、电流采样单元、脱扣驱动单元、开关状态输入单元、显示单元等部分组成。在常规塑壳断路器的基础上，通过集成计量互感器、电能表、通信模块，形成新一代智能塑壳断路器。智能塑壳断路器可以提供三段式选择性电流保护、电压/电流测量、电能计量、开关状态监视、远程通信等功能，其设计原理如图 3-3 所示，内部结构如图 3-4 所示。

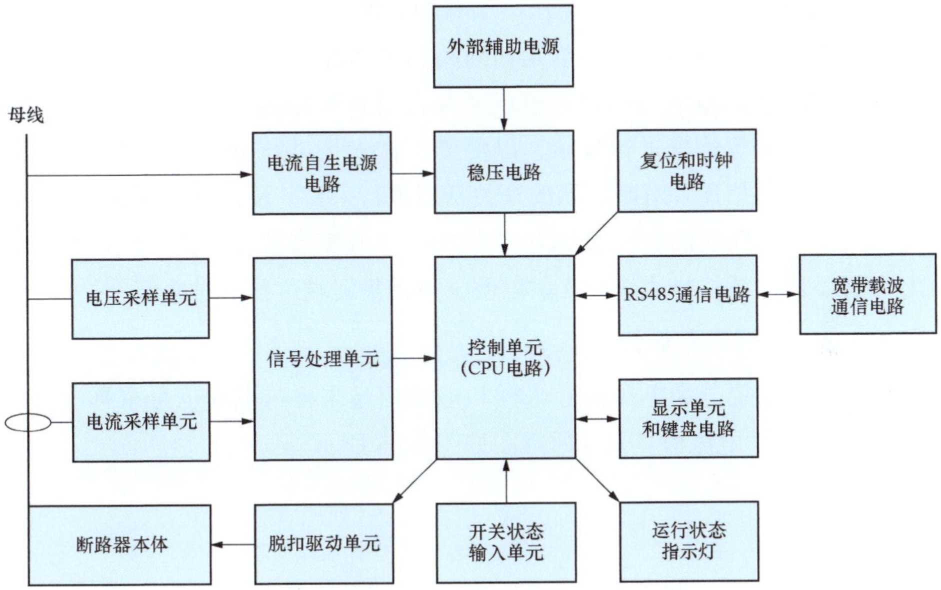

图 3-3　智能塑壳断路器设计原理图

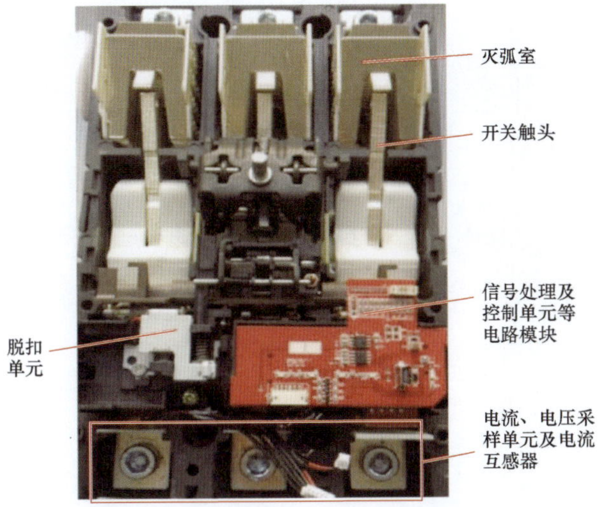

图 3-4　智能塑壳断路器内部结构图

电压采样单元和电流采样单元均与信号处理单元相连，用于采集电压和电流并发送至信号处理单元进行电量计算，控制单元与信号处理单元和通信单元相连，将电量等信息经通信单元及用电信息采集终端发送至后台用电信息采集主站。其中通信单元包括 RS485/232 通信电路或宽带载波通信电路。智能塑壳断路器还包括电源、稳压电路等功能模块。

脱扣驱动单元分别与控制单元和断路器本体相连，根据控制单元发出的控制信号控制断路器的通断。显示单元与控制单元相连，对采集的电压、电流、功率及电量等信息进行显示，以便于工作人员进行监控。开关状态输入单元与控制单元相连，对断路器的开关状态进行采集并反馈至控制单元。

智能塑壳断路器的上行通信方式为 RS485 或宽带载波方式，可以根据应用场景的不同灵活选择通信方式，以便于与采集终端进行实时通信。

3.1.3 采样电路设计

采样电路主要分为电压信号采样和电流信号采样，电压信号采样原理图如图 3-5 所示，电流信号采样原理图如图 3-6 所示。

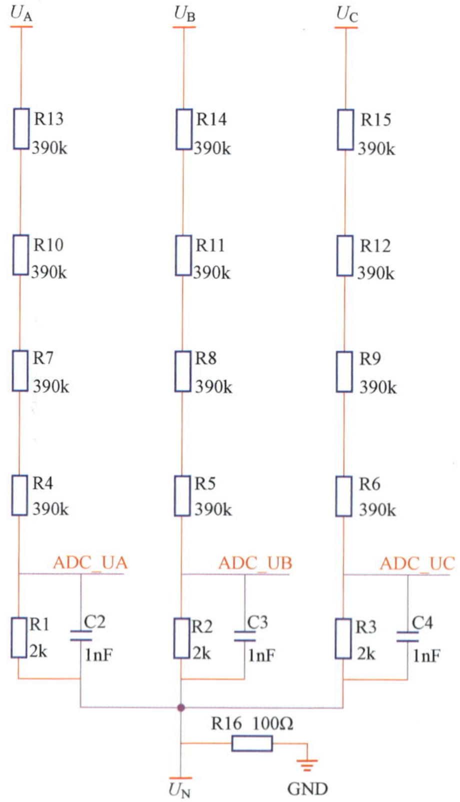

图 3-5 电压信号采样原理图

电压信号采集采用电阻分压形式，通过多个电阻对输入电压进行分压后，以 N 极作为参考点，将弱信号接入 AD 转换。电压转换采用 16 位的逐次逼近寄存器（successive approximation register，SAR）型模数转换器（analog - to - digital converter，ADC）。

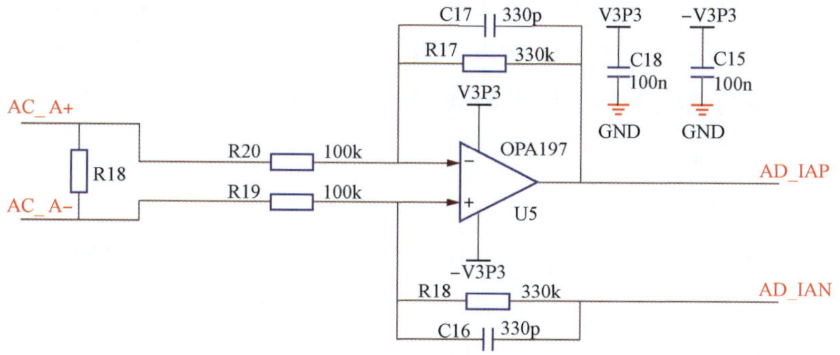

图 3 - 6　电流信号采样原理图

一次电流信号经过电流互感器转换成对应的二次电流信号后，经采样电阻变换为电压信号，再通过差分的信号调理电路将信号转换成合适的信号，送至 ADC 中进行模数转换。电流的 A/D 转换采用 24 位的Σ—△型 ADC。

针对回路中出现的冲击负荷，采用抗冲击负荷型互感器，可确保在线路出现人电流短路故障后，互感器精度不受影响。

通过对电流、电压的采样，经过微控制单元（microcontroller unit，MCU）的计算，可采集到当前回路的电流、电压、功率、电量、相位等电参量。

3.1.4　通信电路设计

智能用电监控装置通过 RS485 和通信终端通信，将相关电参量数据通过通信终端的 GPRS 模块上传至主站系统。RS485 通信电路设计原理如图 3 - 7 所示。

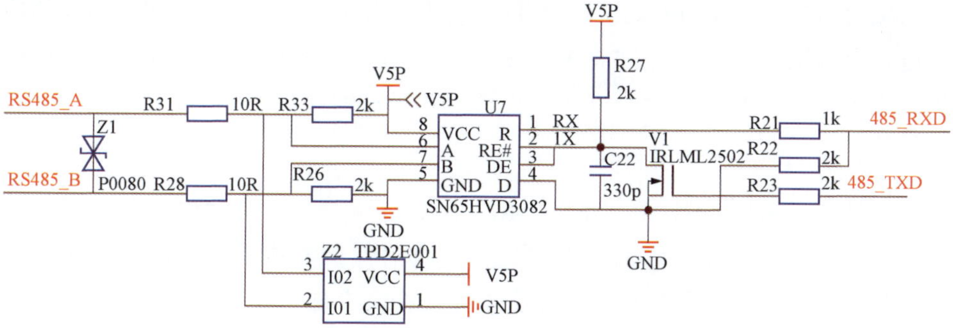

图 3 - 7　RS485 通信电路设计原理图

SN65HVD3082ED芯片是一款为RS485数据总线网络而设计的半双工收发器。它由+5V电源供电，与TIA/EIA—485A标准完全兼容。通过控制输出转换时序，它能够在长距离双绞线电缆上传输高达200kbit/s的信号。它的供电电流极低，一般小于0.6mA。当处于不活动的关闭模式时，供电电流只有几纳安，所以特别适合于低功耗应用。它具有宽的共模抑制范围和高静电放电保护能力，因此，适用于噪声容限要求很高的场合。它的上电复位电路能使输出保持高阻状态直至供电电压稳定，其热关断功能还可以保护芯片不因系统故障而损坏。

3.1.5 电源电路设计

装置的电源供电有TA取电和辅助电源供电两种方式，当线路中一次电流较大时，由取电TA进行能量获取，为系统提供电源；当线路中电流较小时，则由外部辅助电源为断路器提供电源。系统电源设计原理如图3-8所示。

系统需要3个电源：5V、3.3V和−3.3V。其中，5V作为通信电源，3.3V作为系统电源，−3.3V作为信号采样所需的负电源。为保证系统电源稳定，确保计量采样正常，电源芯片采用低压差线性稳定器（low dropout regulator，LDO），可为系统提供高精度、低噪声的电源。

负电源芯片TPS60403为一款电荷泵负压芯片，具有效率高、噪声低的优点，为电流的信号调理电路提供−3.3V电压。系统负电源设计原理如图3-9所示。

3.1.6 复位电路设计

复位电路采用MAX706“看门狗”芯片，具有上电复位、系统低电压复位、看门狗复位功能。当MCU出现异常，无法发送“喂狗”信号后，“看门狗”芯片将会触发复位信号，使MCU复位。复位电路设计原理如图3-10所示。

3.1.7 实时时钟电路设计

实时时钟（real time clock，RTC）采用RX8025T芯片，具有5ppm的稳定度，电源采用后备电池和系统电源进行供电，当系统电源掉电时，自动切换到后备电池为RTC供电。系统RTC电路设计原理如图3-11所示。

3.1.8 存储电路设计

存储芯片采用64KB的EEPROM，用于存储重要参数、电参量、事件等信息。为防止误操作，增加写保护操作，在写保护操作使能后，将禁止向存储器写入信息，以确保参数和重要数据的安全。存储电路设计原理如图3-12所示。

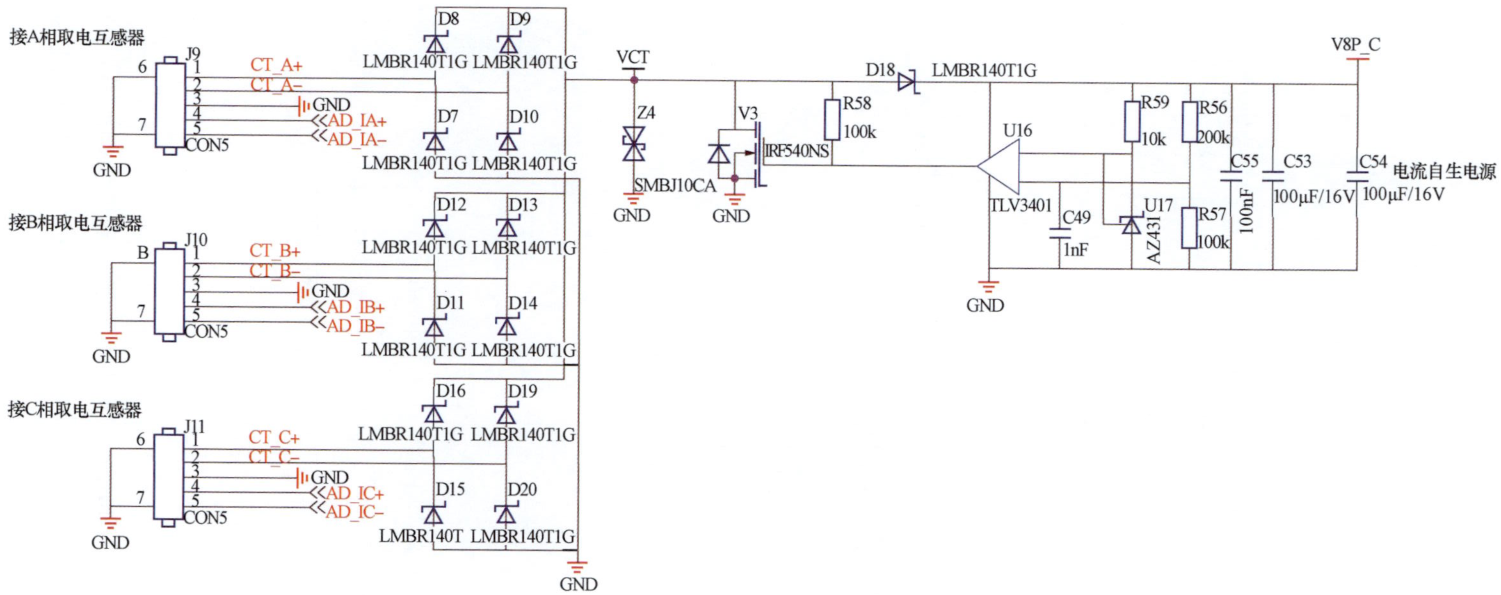

图 3-8　系统主电源设计原理图

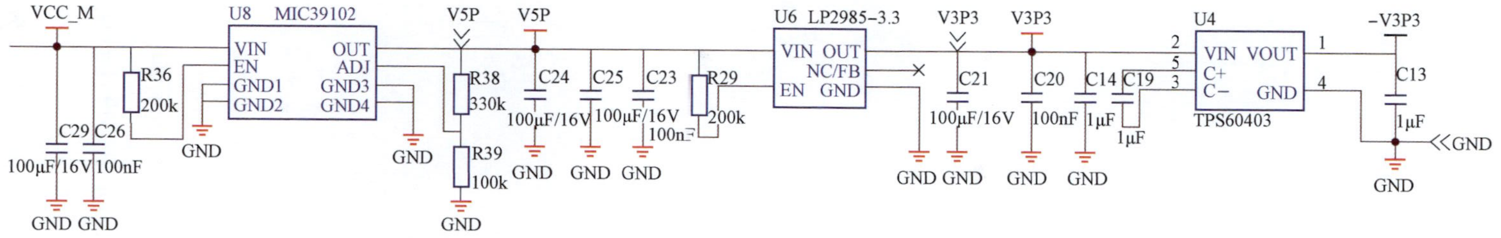

图 3-9　系统负电源设计原理图

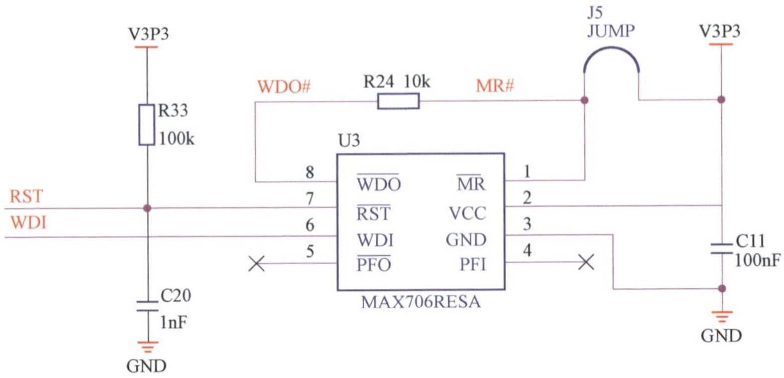

图 3-10　系统复位电路设计原理图

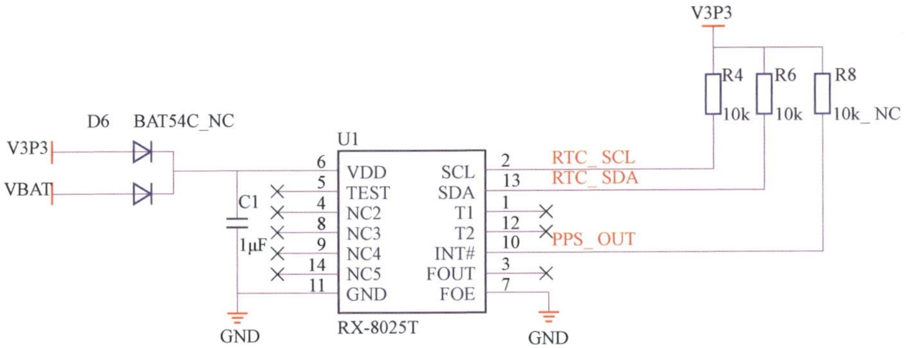

图 3-11　RTC 电路设计原理图

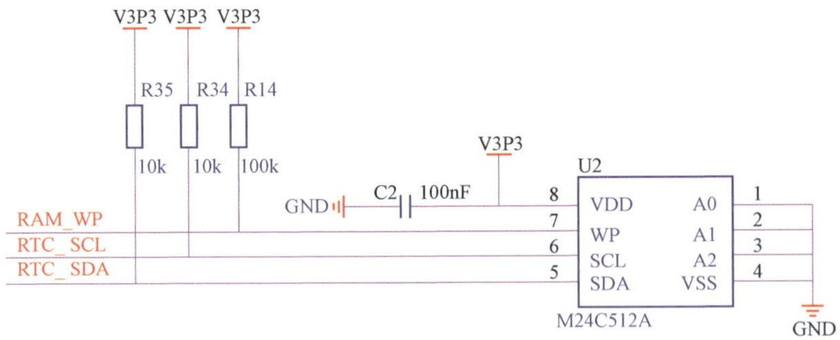

图 3-12　存储电路设计原理图

3.1.9　显示电路设计

显示电路设计原理如图 3-13 和图 3-14 所示。显示采用段码液晶，I2C 接口，带背光显示，可显示电流、电压、频率、功率、电量等信息，并能显示断路器相关设置参数。

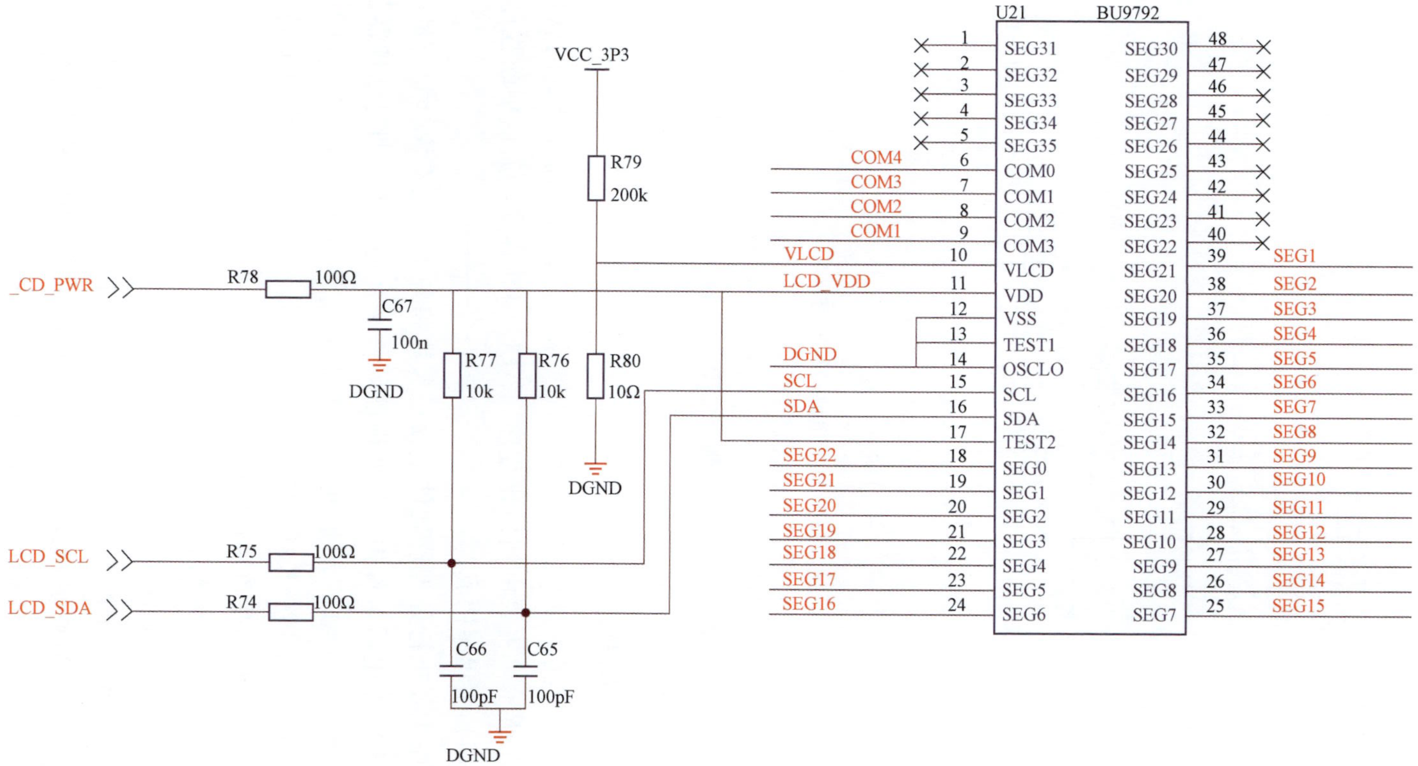

图 3 - 13　显示控制电路设计原理图

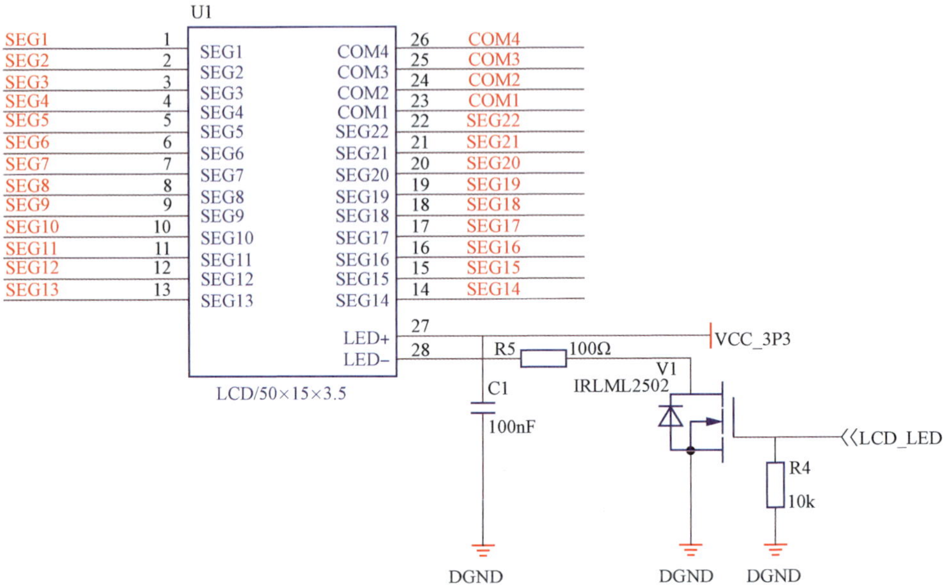

图 3 - 14　LCD 显示电路设计原理图

3.2　软　件　设　计

3.2.1　软件架构设计

根据功能需求并考虑软件接口的通用性要求，智能用电监控装置的软件架构如图 3 - 15 所示，主要由初始化程序、ADC 中断程序、通信中断程序、定时器中断程序和主程序构成。

初始化程序主要进行处理器硬件平台、参数和各子功能模块全局变量的初始化工作。系统上电后，首先会对处理器硬件平台初始化，即对处理器的工作频率、模块前端（ADC 和基准）、定时器和各外设接口（I2C0、I2C1、UART1 和 UART3）的通信模式进行初始化。然后，对参数和子模块全局变量进行初始化，参数初始化负责将保存在 EEPROM 中的保护、测量、计量等设备参数加载到处理器的内部 RAM 参数区，并对参数进行合法性检测，最后启动 ADC 进行采样和定时器进行计时。

中断程序包括 ADC 中断和通信中断。其中，ADC 中断主要是进行采样处理和实时控制，当 ADC 转换结束后，对序列发生器的中断标志位进行置位，程序流程暂时中断，自动进入中断服务程序来处理 ADC 转换结果，处理结束之后继续执行被中断的程序；通信中断主要是进行通信协议的接收，接

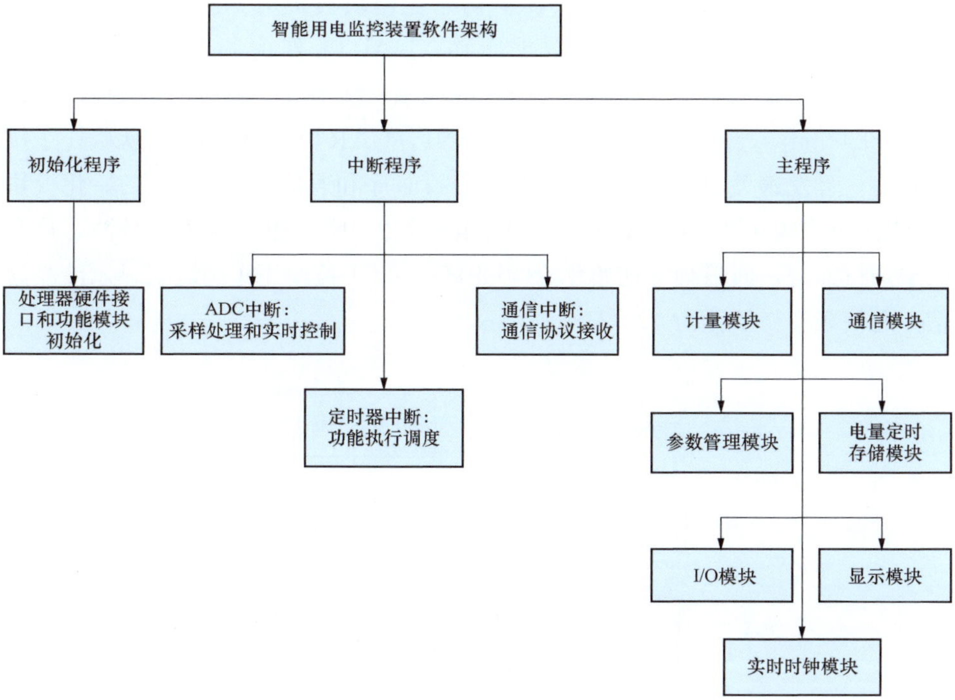

图 3-15　软件架构

收完成后继续执行中断的程序。

主程序包括计量模块、通信模块、参数管理模块、电量定时存储模块、I/O 模块、显示模块和实时时钟模块。其中，计量模块主要完成计量数据的采集、计算和存储；通信模块主要为智能监控装置提供上行和下行通信服务，包括 RS485 通信、载波通信、GPRS 通信等；参数管理模块主要对电能表通信参数、终端通信参数、主站 IP 地址等参数进行管理；电量定时存储模块主要实现对电能表电量数据的定时采集和存储；I/O 模块主要为智能用电监控装置提供数据输入/输出接口；显示模块主要依据 CPU 的设置和控制，对时间、电压、电流、电量等数据进行动态显示；实时时钟模块主要为智能用电监控装置提供精确的时间基准。

3.2.2　初始化程序设计

初始化程序如图 3-16 所示，系统时钟初始化由外部晶振起振，在正常工作模式下，系统主频是锁频环（frequency locked loop，FLL）提供的 72MHz 时钟；采样时钟是锁相环（phase locked loop，PLL）提供的 12.288MHz 时钟，同时开启各功能模块所需的时钟。I/O 初始化模块负责对 MCU 平台的各功能 I/O 进行初始状态设定。UART 初始化模块负责对 UART1 和 UART3 进行初始化操作，支持 DMA 数据搬移；UART1 作为调试接口，初始为 115200bit/s，通信传输字符格式为 8N1；UART3 作为 RS485 通信接口，初始为 19200bit/s，通信传输字符格式为 8N1。UART1 和 UART3 默认处于接收状态，且发送关闭。根据接口外挂的外设时序和通信模式，I2C 初始化模块对 MCU 的 I2C0 和 I2C1 接口进行初始化。I2C0 接口用于与实时时钟芯片和内卡进行通信，通信频率初始化为 400kHz。I2C1 接口用于与段式显示液晶通信，通信频率初始化为 400kHz。

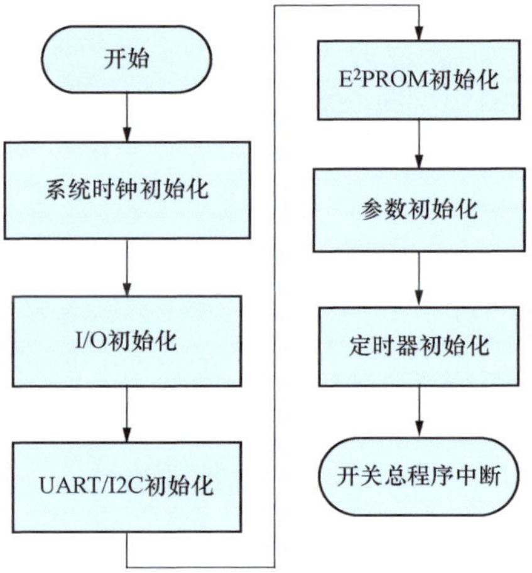

图 3-16　初始化程序流程图

EEPROM 初始化模块仅对新内卡进行初始化，即设定内卡的初始状态和默认参数和电量累计量。参数初始化模块将存储在 EEPROM 中的参数（保护计量参数、保护参数、校正参数和通信参数等）读取到 MCU 中 RAM 的参数区，并对读取的参数进行正确性验证。定时器初始化模块对定时器的计时时基进行设定，即 100ms。定时器负责产生秒任务的调度管理，通信超时维护、参数定时检测、电量保存和人机交互数据更新都需要在秒任务中进行调度控制。

3.2.3　通信模块软件设计

智能用电监控装置通信模块采用 DL/T 645—2007《多功能电能表通信协议》的规约，主要支持智能塑壳断路器电流、电压、电量及其他功能的读写，通信模块程序流程如图 3-17 所示。UART 中断接收帧；主循环从接收缓存区扫帧即查找一个完整帧格式，按帧格式进行解析并做出应答。

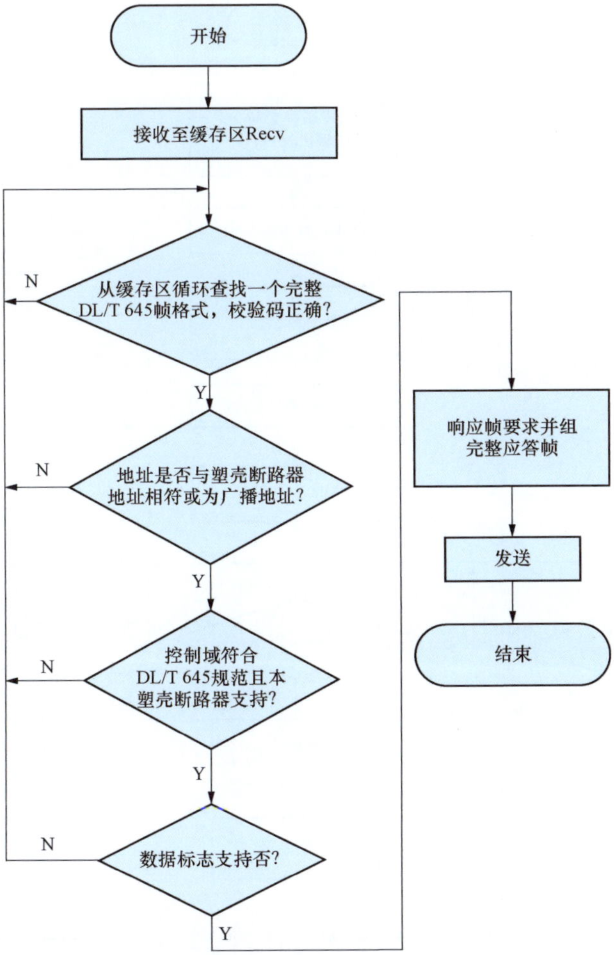

图 3-17　通信模块程序流程图

3.2.4　显示程序设计

显示程序控制流程设计如图 3-18 所示，主要显示电流、电压、故障以及计量相关数据菜单界面。液晶初始显示主界面即电流界面，在没有按键操作下液晶界面显示最近一次操作菜单界面，按照秒计时刷新最新一次界面；菜单显示中优先级高低为故障触发、按键触发、秒计刷新，若发生故障则液晶界面只显示故障界面，智能用电控制装置合闸之前任何操作均不起作用。

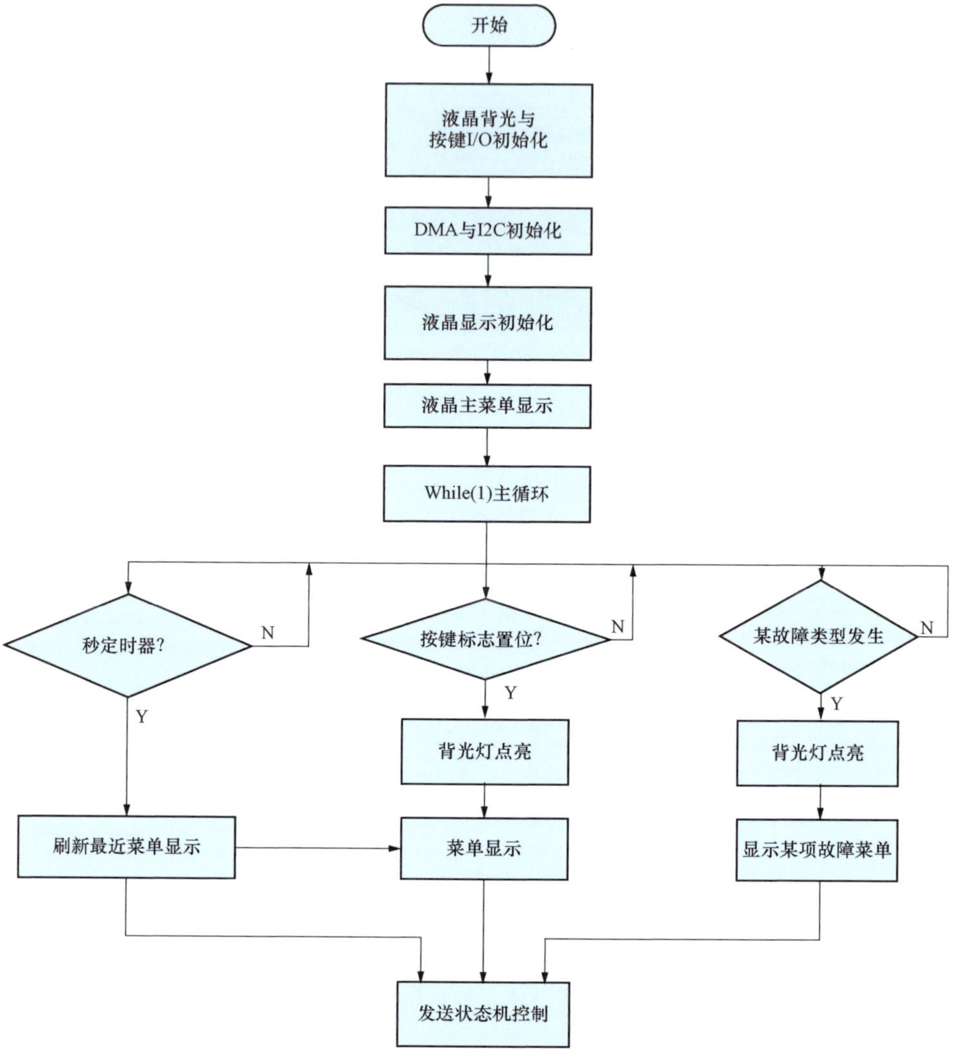

图 3 - 18　液晶显示控制流程图

3.3　主要功能、技术指标及应用效果

3.3.1　主要功能

1. 保护功能

（1）具备完全选择性的三段电流保护功能：过载长延时保护、短路短延时保护、短路瞬时保护。

（2）附加保护功能：过电压、欠电压保护功能。

（3）保护辅助功能：过载预报警功能、热记忆功能。

2. 信息采集、输出功能

（1）具备采集断路器实时位置状态信息，并具有变位上报及时间记录功能（辅助触头、报警触头指示功能）。

（2）具备采集断路器电流、电压、频率、功率、电量、功率因数等电参量的信息功能，并具有上报和记录功能。

（3）具备电量脉冲（光脉冲、电脉冲）输出功能。

（4）具备电量定时冻结和电量同步冻结功能。

3. 数据处理及传送功能

（1）具备将遥测数据记录存储的功能。

（2）具备检测遥测极值并生成历史记录的功能。

（3）根据参数设置可进行数据主动或召唤方式上报。

（4）支持主站召唤全数据（当前遥测值、遥信状态）。

（5）支持主站召唤历史数据。

（6）识别故障，并上报故障告警信息。

4. 遥控功能（分励功能）

支持远程控制断路器跳闸功能。

5. 事件记录及上报功能

（1）记录断路器状态变化的时间并上报。

（2）记录故障的时间并上报。

（3）记录设备故障的时间并上报。

6. 通信功能

（1）与上级站进行通信，将采集和处理的信息向上发送并接收上级站的命令。

（2）支持 RS485、宽带载波、微功率无线等多种通信方式。

（3）支持 DL/T 645—2007、Modbus 等常用规约。

7. 显示功能

（1）实时显示电流、电压、功率、电量、频率等电参量信息。

（2）显示断路器运行参数信息。

（3）显示断路器历史运行信息和故障信息记录。

（4）配合按键实现断路器运行参数的本地设置。

（5）具备运行状态指示、过载预报警指示、电流过载指示及通信指示。

8. 设置功能

（1）具有本地按键设置、本地维护口设置、远方下发三种参数设置方式。

（2）接收上级的校时命令，实现时间设置。

（3）可进行断路器的保护定值参数设置。

（4）可进行断路器各项运行参数设置。

9. 自诊断、自恢复

（1）具有丰富的自诊断功能，支持设备的自检、互检及自恢复功能。

（2）具有上电软件及配置参数自检、自恢复功能。

（3）具有故障告警及上报功能。

10. 调试功能

支持串口本地调试和远方调试功能。

3.3.2 主要性能指标

智能用电监控装置基本性能技术指标如表 3 - 1 所示。

表 3 - 1　　智能用电监控装置基本性能技术指标

型号	WM250		WM400		WM800	
壳架等级额定电流 I_{nm}(A)	250		400		800	
极数	3		3		3	
额定电流 I_n(A)	100～250		200～400		400～800	
额定绝缘电压 U_i(V)	800		800		800	
额定冲击耐受电压 U_{imp}(kV)	8		8		8	
额定工作电压 U_n(V)	AC400		AC400		AC400	
额定工作频率(Hz)	50		50		50	
飞弧距离(mm)	≤50		≤50		≤50	
短路分断能力级别	M 型	H 型	M 型	H 型	M 型	H 型
额定极限短路分断能力 I_{cu}(kA)	50	85	65	100	70	100
额定运行短路分断能力 I_{cs}(kA)	35	50	42	65	50	65
额定短时耐受电流 I_{cw}(kA)	—		5kA/s		10kA/s	
使用类别	A 类		B 类		B 类	
机械寿命（次，有维护/免维护）	40000/20000		20000/10000		20000/10000	
电气寿命（次）	10000		7500		7500	
外形尺寸（长×宽×高，mm×mm×mm）	108×166×96		150×257×118		210×281×123	

智能用电控制装置控制器性能技术指标如表 3 - 2 所示。

表 3-2　智能用电控制装置控制器性能技术指标

保护功能	基本保护	过载长延时保护（可关闭）	$I^2t=(2I_r)^2T_r$，$1.05I_n$，2h 内不脱扣，$1.3I_n$，2h 内脱扣，±10%
		短路短延时保护（可关闭）	定时限保护：$1.5I_{sd}\leqslant I<I_i$，±0.02～±0.06s 反时限保护：$I_{sd}\leqslant I<1.5I_{sd}$，$I^2t=(1.5I_{sd})^2T_{sd}$，±20%
		短路瞬时保护	精度：±20%
		瞬时超越保护	$16\sim20I_n$，动作时间<20ms
	附加保护	过电压保护①	$1.15U_n\sim1.3U_n$，±10%
		欠电压保护①	$0.35U_n\sim0.7U_n$，±10%
	保护辅助	过载预报警	$I\geqslant0.9I_r$
		热记忆功能	支持
测量功能		电流	$0.1I_n\sim1.5I_n$，±0.5%
		电压	$0.3U_n\sim1.3U_n$，±0.5%
		频率	45～55Hz，±0.01Hz
		功率②	有功功率，±1%；无功功率，±2%；视在功率，±2%
		功率因数	支持
		电量②	有功电量，1 级；无功电量，2 级
监测功能		开关状态监测	合闸位置、分闸位置、跳闸位置
		接头温度监测①	三相进线接头温度、三相出线接头温度
“四遥”功能		遥信	断路器分位、合位、跳闸位，故障遥信
		遥控	支持远程下发跳闸指令
		遥测	电流、电压、功率、电量等电参量
		遥调	支持远程设置断路器运行参数
显示功能		液晶显示	电流、电压、功率、频率、电量、保护参数等
		指示灯显示	运行状况、通信状态、电量脉冲、电流预告警、电流过载
外部通信		通信方式	RS485 方式：1200～38400bit/s
			宽带载波方式①：工作带宽 2～30MHz，通信速率不大于 10Mbit/s
			微功率无线①：433MHz，LORA/FSK
		通信规约	DL/T 645—2007 规约，Modbus 规约等
对外接口		外部供电	DC 24V±10%，≥100mA
		调试串口	TTL 电平，115200bit/s
		脉冲输出	120imp/kWh

续表

维护功能	参数整定	I_r、T_r、I_{sd}、T_{sd}、I_i 等
	故障记忆	电流过载、短路故障、电压故障等
	故障指示	电流过载预报警指示、电流过载指示
	本地通信	支持本地参数设置、读取、状态读取、跳闸次数读取、运行时间等
	负载监视	分相电流负载监视
	设备调试	支持本地串口调试和远方调试功能
	自诊断自恢复	支持自检、自恢复功能，支持设备故障告警及上报

① 选配功能。

② 功率、电量测量需接入中性线，需使用外部辅助电源。

3.3.3 应用效果

在A供电公司某一存在窃电嫌疑的低压大用户进行现场改造，安装智能用电监控装置，现场安装图如图3-19所示。安装后5天内，现场传回数据基本正常，智能用电监控装置与计量装置数据吻合。7月4日8：45左右，数据出现异常，智能用电监控装置发出报警事件，当天智能用电监控装置和计量装置采集的三相电流曲线如图3-20所示。

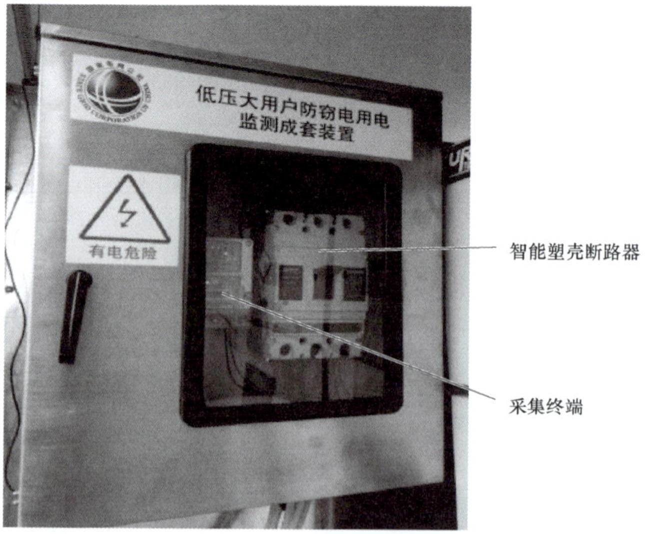

图3-19 现场安装图

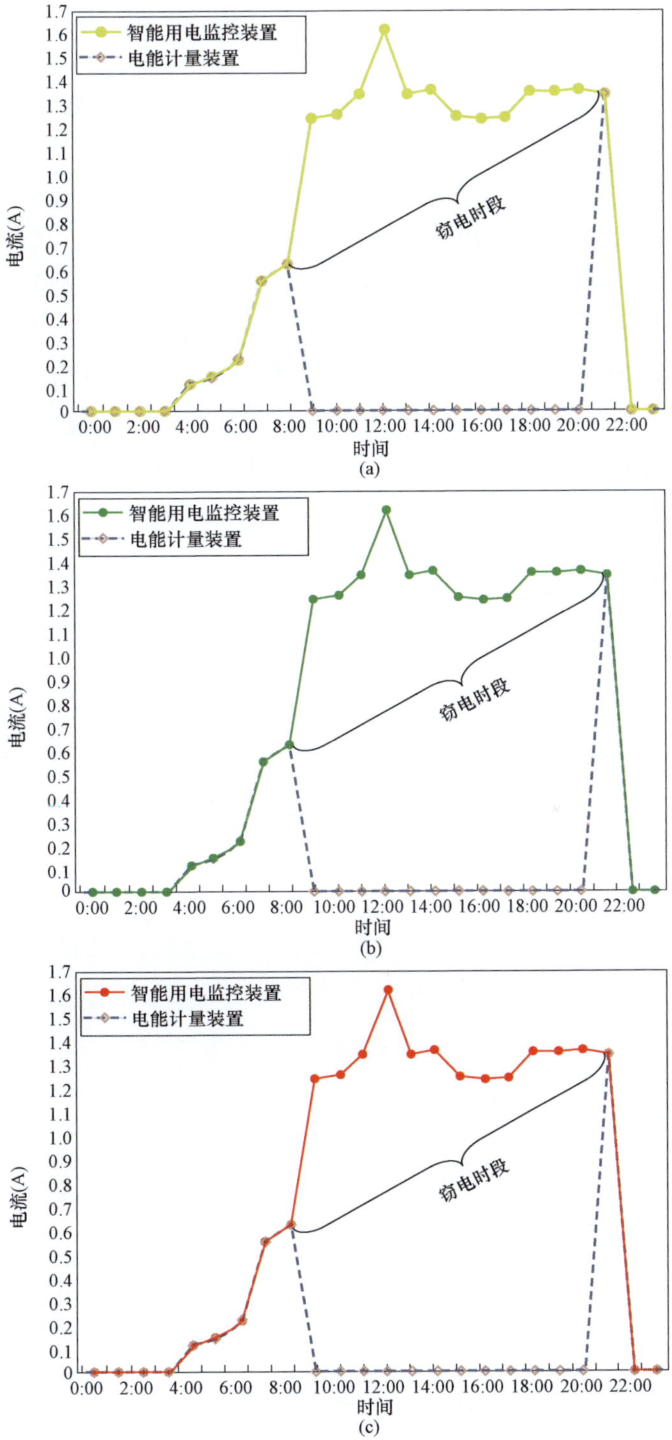

图 3 - 20　三相电流值曲线

（a）A 相；（b）B 相；（c）C 相

由图 3-20 的电流曲线可以看出，7 月 4 日 0：00～8：54、21：00～24：00 两个时间段内智能监控装置电流曲线与计量装置电流曲线重合；8：45～21：00 智能监控装置与计量装置采集的电流值出现明显偏差，计量装置的三相电流值迅速跌落，趋近于零，此时间段为窃电时间段。

异常事件发生后，用电检查人员到现场进行查证发现，在 8：54，用户将计量电能表的 A、B、C 三相电流进、出线在表端子处短接，从而使三相电流值趋于零，以达到窃电目的，当天 21：00 左右恢复正常。该用户的系列用电数据均被安装于计量表计前端的智能用电监控装置记录在案，并传回后台主站系统。根据查证结果，供电公司通过远程分闸对该窃电用户进行了停电，并依据相关规定进行电量追补和处罚。现场试用表明，智能用电监控装置能有效监控现场用电异常，及时发现和协助处理各类窃电问题。

第 4 章　基于智能低压开关的拓扑识别技术

针对现有技术存在的系统拓扑与实际拓扑不一致、可用性不高等缺陷，本章介绍基于智能低压开关的拓扑识别技术方案，对主控单元模块、电源模块、拓扑识别电流模块等分别进行讲解，并介绍了拓扑识别流程、信息编码方式、设计拓扑识别单元的通信协议栈结构及报文封装格式。拓扑识别技术方案识别时间短、识别准确率高，可在低压配电网中进行大规模的推广应用。

4.1　拓扑识别技术方案

具备拓扑识别功能的智能低压开关控制电路主要由主控单元模块、电源模块、计量模块、通信模块、时钟模块、拓扑识别电流发生模块等组成，控制电路原理如图 4-1 所示。基于该方案研制的智能低压开关能准确识别低压配电台区的物理拓扑结构，使系统在线生成台区自画像结构图。

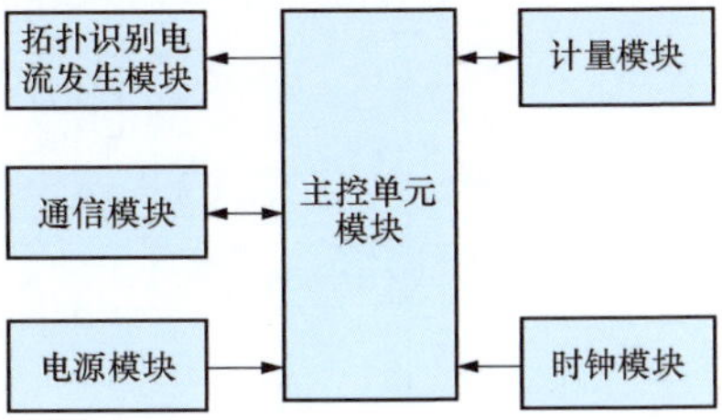

图 4-1　控制电路原理图

主控单元模块用于对智能低压开关采集到的计量采集数据和拓扑识别命令进行在线处理，接收终端设定精确的对时任务，每天对智能低压开关的时钟模块进行精确对时，以确保时间的一致性，时间偏差小于 9s。主控单元模块通过通信模块接收终端下发的时间分配、指令发送、发送间隔设置等，并对收集的时间标进行梳理分析，得到真实的物理拓扑。主控单元模块使用直接内存存取（direct memory access，DMA）进行原始数据存储。主控单元读取 DMA 中的数据，如果有大于临界值，且处于监视脉冲信号状态，则认为发送该状态的设备处于接收模块的前端。主控模块是由型号为 STM32F103RCT6 的控制器芯片构成的电路。

拓扑识别电流发生模块用于产生同一支路其他智能低压开关可以识别到的电流编码信号，进行电压过零点检测（上升）。当检测到电压过零后（固定延时 2ms），等待 7ms，打开主控单元模块对应的 I/O 口，进行大电流脉冲注入。过零后自动关闭，完成短时电流脉冲注入。

计量模块用于采集智能低压开关的计量采集数据并完成拓扑识别电流的准确识别，计量模块将采集到的其他智能低压开关拓扑识别模块发出的拓扑识别电流信号进行数据分析，将低压台区从变压器到分支箱、分支箱到表箱、表箱到户表的网络拓扑结构进行自动绘制，并且将数据传输给终端，终端以图示的方式进行显示。计量模块接收到主控单元模块的拓扑识别命令，进入信号监测状态，实时接收并解析来自其他智能低压开关拓扑识别发生模块的电流信号，判断其所处台区，同时可通过通信模块把结果反馈给终端。

电源模块给智能低压开关供电，电源模块包括整流电路和稳压电路。整流电路和稳压电路串联，整流电路将电网输入的交流电能转换为直流电能，稳压电路将直流电能转换为稳定的直流电能并供电。稳压电路包括 5V 电源电路和 3.3V 电源电路，5V 电源电路将直流电能转换为稳定的 5V 电源电压并供电，3.3V 电源电路将 5V 电源转换为 3.3V 电源并供电。

通信模块用于智能低压开关与上行设备之间的远程通信。时钟模块给智能低压开关提供准确的时钟数据，时钟模块是由型号为 RX8025T 的时钟芯片构成的电路，其电路原理如图 4-2 所示。

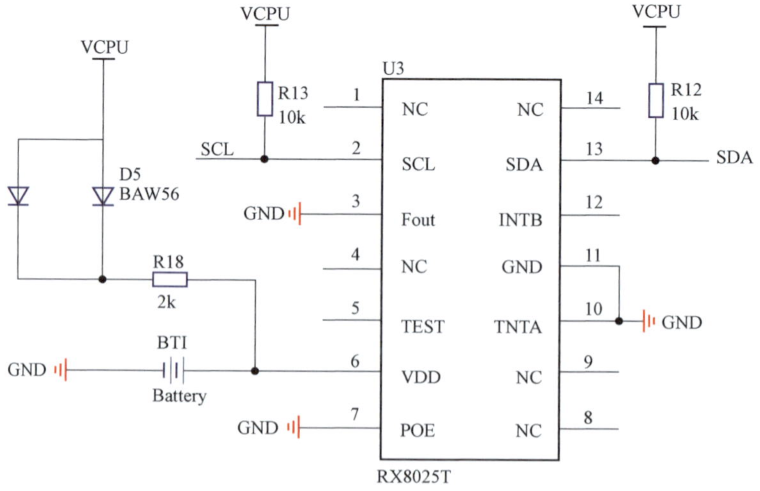

图 4-2　时钟模块电路原理示意图

4.2 拓扑识别硬件设计

4.2.1 特征电流模块设计

特征电流发送流程如图 4-3 所示。主控单元模组向拓扑识别电流发生模块下发特征电流信号发送指令，拓扑识别电流发生模块接收指令后控制特征负载通断，并在电力线上产生特征电流信号。

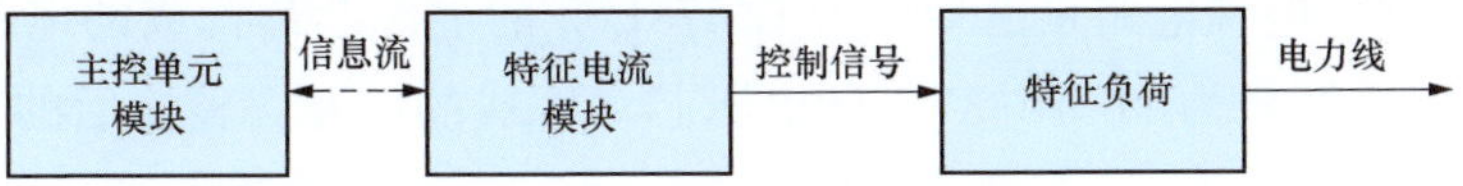

图 4-3 特征电流发送流程

拓扑识别电流特征如图 4-4 所示。开关频率可设置，默认为 833.3Hz，高电平与低电平脉宽也均可设置。特征电流携带信息可设置，起始符为 AAH=10101010C，控制码为 E9H=11101001C，后续扩展域信息长度可变。当码位为 0 时，无特征电流发送；当码位为 1 时，有特征电流发送。每位编码发送时间长度可设置，默认为 600±15ms。

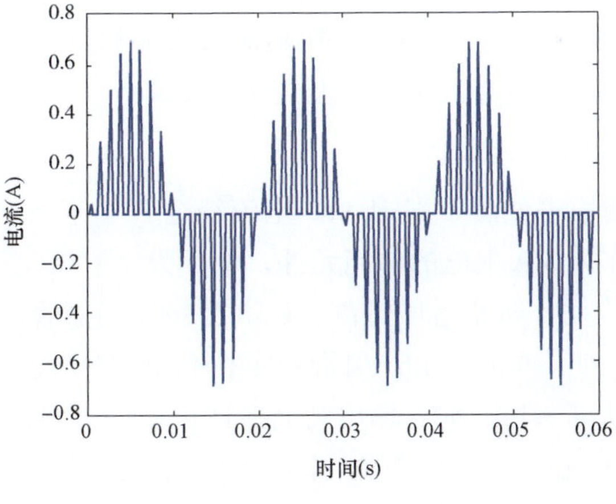

图 4-4 拓扑识别电流特征

4.2.2 电源模块设计

电源模组原理如图 4-5 所示。稳压电路包括 5V 电源电路和 3.3V 电源电路，5V 电源电路将直流电能转换为稳定的额 5V 电源电压并供电，3.3V 电源电路将 5V 电源信号转换为 3.3V 电源信号并供电。

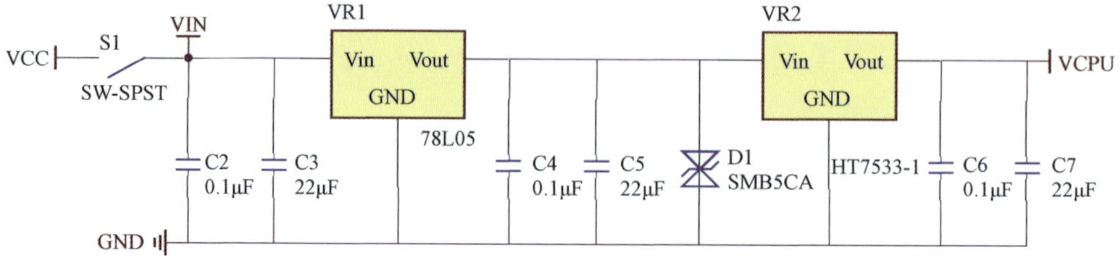

图 4-5　电源模组原理示意图

其中，5V 电源电路是由型号为 LM78L05 的电源芯片构成的电路，3.3V 电源电路是由型号为 HT7533-1 的电源芯片构成的电路。整流后的整流电源 VCC 通过电容 C2 和 C3 接地滤波后，输入到 VR1 芯片的输入端，芯片的输出端直接输入+5V 电源信号，并通过电容 C4 和 C5 接地滤波后，再通过二极管 D1 保护，然后输入到电源芯片 VR2 的输入端；VR2 的输出端直接输出+3.3V 电源信号，并通过电容 C6 和 C7 接地并滤波。

4.2.3　电流采样模块设计

电流采样模块的电路原理如图 4-6 所示，外部输入的 3 路电流互感器的二次侧电压信号，通过整流桥（D12、D13 和 D14）进行整流后，再通过各自的 RC 电路（R37、R39 和 C29 为一组，R41、R44 和 C30 为一组，R47、R50 和 C31 为一组）进行滤波后，再通过由运算放大器构成的放大电路进行放大后，得到采样的电压转换信号并上传至控制器模块。

4.2.4　TA 取电电路设计

TA 取电电路原理如图 4-7 所示。电流经过 D16 半波整流后为电解电容 C34 充电，C34 作为 TA 取电的储能元件，电压为 1-VCC。稳压二极管 D18 起到保护线路的作用，防止电压过高。U10 为稳压三极管，可以输出高精度的 2.495V 电压，使 U9 的 $Vinb_-$ 引脚稳定在 2.495V。U9 作为电压比较器，当 $Vinb_+$ 的电压大于 $Vinb_-$ 时，输出高电平打开 Q4 三极管，使电流直接流向 GND，不再对电容充电。故 1-VCC 电压可输出稳定的 $2.495\times(1+100k\Omega/33k\Omega)=10.06V$ 电压。

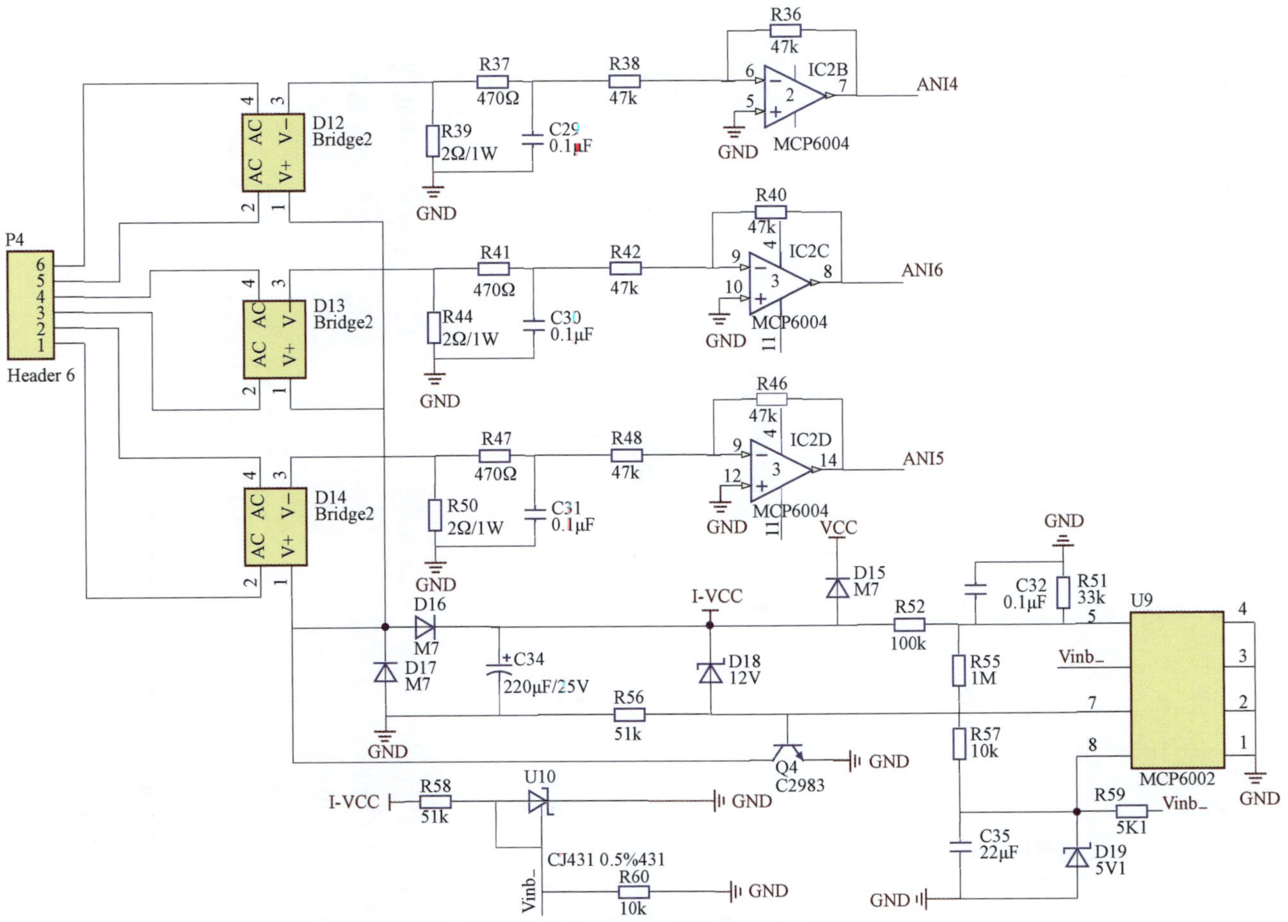

图 4-6　电流采样模块电路原理示意图

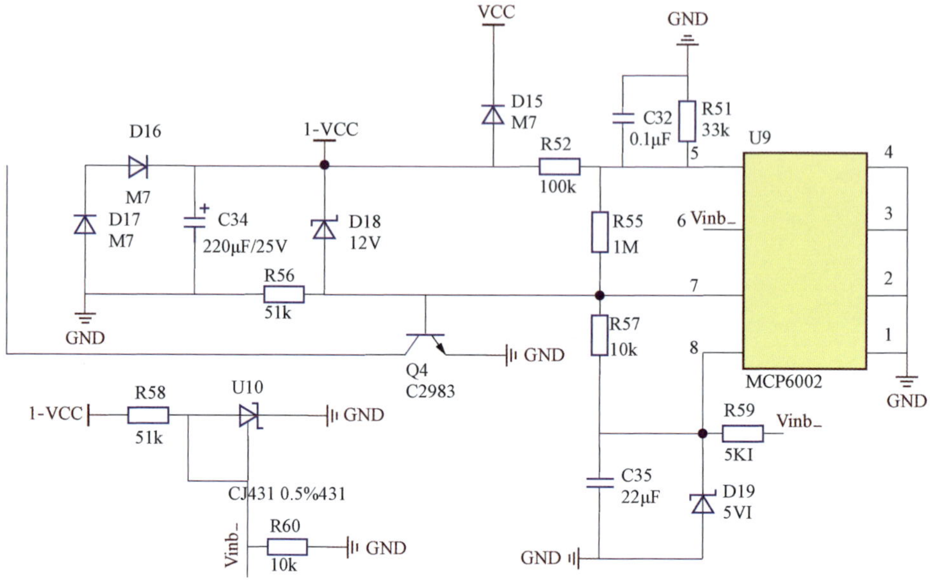

图 4-7　TA 取电电路设计

4.3　拓扑识别流程及通信协议

4.3.1　物理层架构

发送端：发送设备通过既定的调制方式形成特征电流信号并馈送到电力线。

识别端：识别设备的 TA 检测特征电流信号，进行相应的解调处理，最终将电力线上的特征电流信号还原为解码后数据信息，并进行逻辑判断。物理层整体架构如图 4-8 所示。

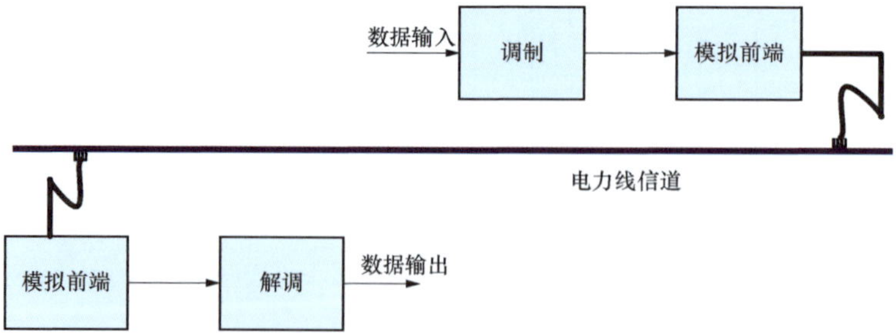

图 4-8　物理层整体架构框图

4.3.2 调制方式

通过二进制启闭键控（on - off keying，OOK）调制实现固定位宽特征电流的有无来代表数字信号的“1”和“0”，调制载频 f_1 为发送特征信号的开关频率，原始信息经过调制之后的信号为 $m(t)$：

$$m(t)=\begin{cases}0\\ A\cdot \mathrm{square}(t,DUTY)\end{cases}\tag{4-1}$$

式中：A 表示特征电流幅值；$DUTY$ 表示特征信号的占空比。

调制过程如图 4 - 9 所示，调制载频为 f_1，每个 bit 持续时间为设置的位宽时间。如果该 bit 为 1，则在该 bit 持续时间内使用频率 f_1 进行投切；如果该 bit 为 0，则不进行投切。

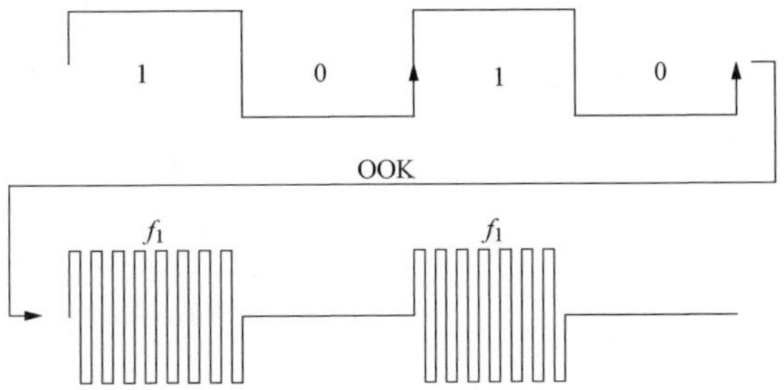

图 4 - 9　OOK 调制过程

调制示例实现如图 4 - 10 所示，调制载频默认采用 f_1=833.3Hz，每个 bit 持续时间为 0.6s。如果该 bit 为 1，则在该 bit 持续时间内使用频率 833.3Hz 进行投切；如果该 bit 为 0，则不进行投切。

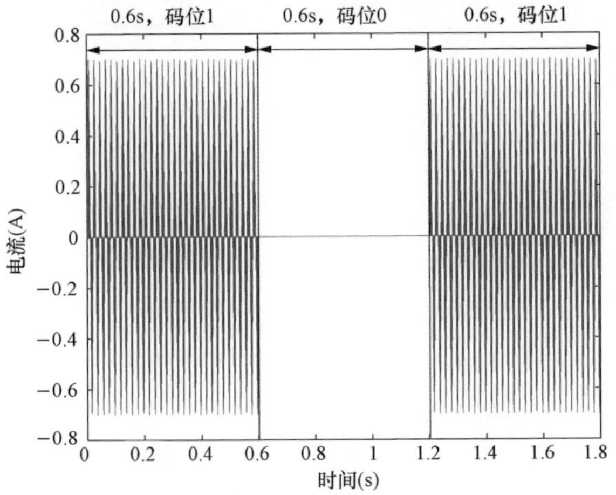

图 4 - 10　OOK 调制实现示意图

4.3.3 拓扑识别流程

拓扑识别流程如图 4-11 所示，初始化程序后，用电终端对所有断路器发送“清除拓扑数据”指令，拓扑数据清理完毕后，对第 i 台断路器发送“发送拓扑信号”指令，等待 30s，第 i 台断路器发送信号，相关断路器识别信号。用电终端对所有断路器发送“查询拓扑数据”指令，相关开关将拓扑信号返回。接着对第 $i+1$ 台断路器发送“发送拓扑信号”指令，直到所属的所有断路器轮询完成，分析查询到的拓扑数据，形成拓扑关系图。

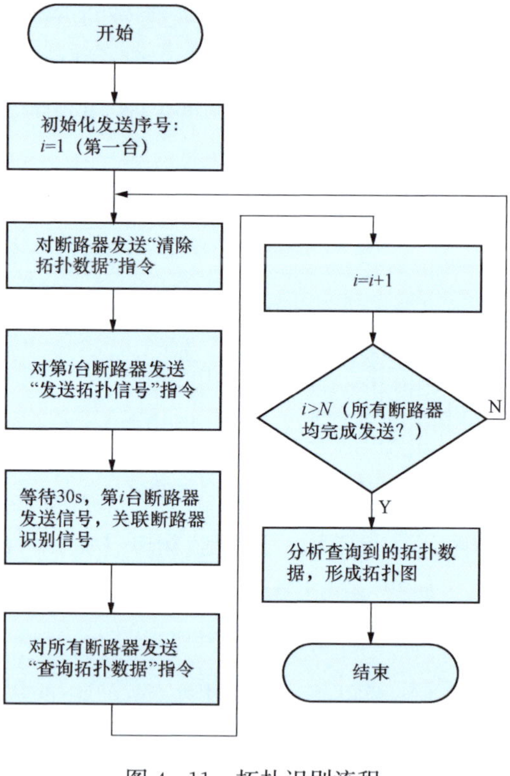

图 4-11　拓扑识别流程

4.3.4 编码方式

拓扑识别单元编码方式定义见表 4-1。数据帧格式由数据同步头、起始位、数据位、插入位、校验位、结束位 6 部分组成。其中，数据同步头为 6 位“1”，表示持续 360ms 以上的无电流时间；起始位为 1 位“0”；数据位包括特征码和校验码，特征码由 24 位，校验码有 16 位，每 4 位插入一个插入位，插入位与前一个数据位相反；校验位共 10 位，每 4 位插入一个插入位，插入位与前一个数据位相反；结束位由 1 位“0”组成。

表 4-1　　拓扑识别单元编码方式定义

项目		编码方式定义
数据帧格式		数据同步头+起始位+数据位+插入位+校验位+结束位
数据同步头		6 位“1”（即持续 360ms 以上的无电流时间）
起始位		1 位“0”
数据	特征码	24 位，每 4 位插入一个插入位 共 30 位，插入位与前一个数据位相反
	校验码	16 位，每 4 位插入一个插入位 共 20 位，插入位与前一个数据位相反
校验（消息鉴别码）		8 位，每 4 位插入一个插入位 共 10 位，插入位与前一个数据位相反
结束位		1 位“0”

4.3.5　通信协议栈结构

拓扑识别单元的通信网络协议栈如图 4-12 所示，通信协议栈为 3 层结构，主要包括物理层、数据链路层以及应用层。

业务数据在传输时，需按照图 4-13 进行报文封装，最后通过电力线进行传输。物理层通过电力线接收到数据报文，在提交给应用层的过程中进行报文封装。

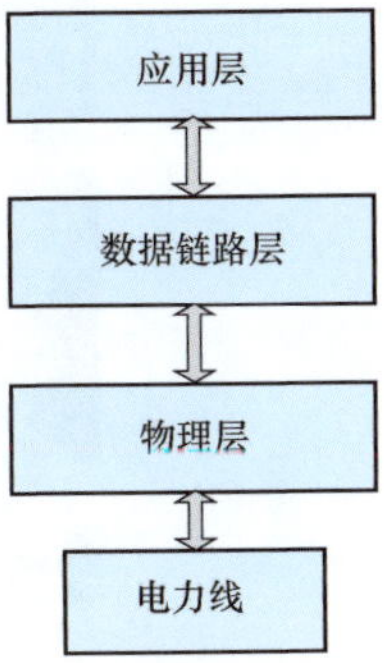

图 4-12　通信网络协议栈定义

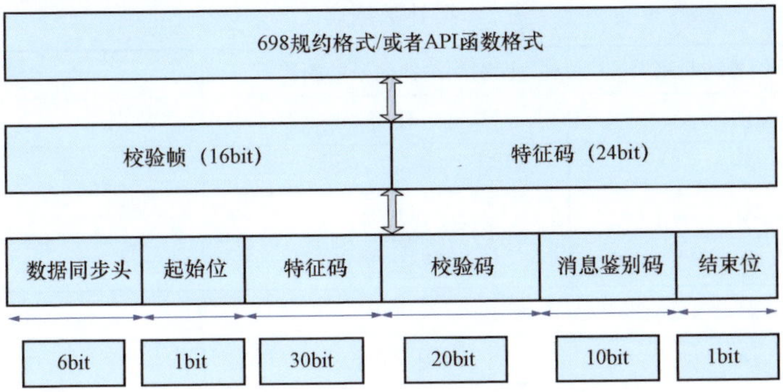

图 4-13　报文封装格式

在物理层上实际传输的数据长度是 68bit，物理层的解码单元每次解码的最大长度是 76bit，该次传输数据可以被一次解码完成。

消息鉴别码采用 CRC8 校验，其使用的多项式为 X^8+X^2+X+1。

4.4 实验及效果分析

选取 9 台带有拓扑识别功能的低压断路器组网，断路器编号分别为①、②、③、④、⑤、⑥、⑦、⑧、⑨，在实验室环境下搭建的实验平台如图 4-14 所示，经过拓扑识别流程得到的拓扑数据表如表 4-2 所示。

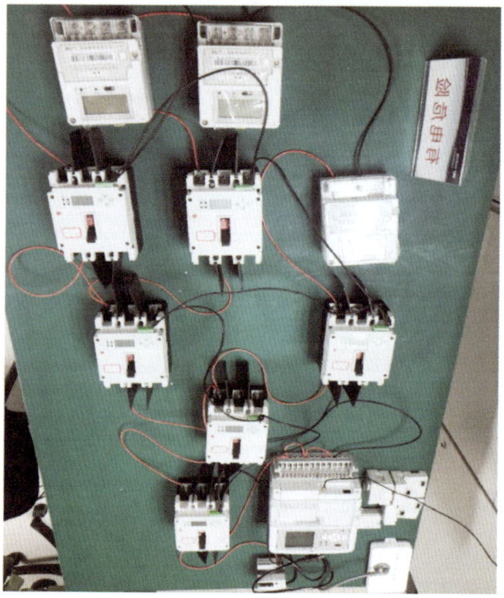

图 4-14　拓扑试验平台

表 4-2　　拓扑数据表

发送拓扑信号的断路器	识别到拓扑信号的断路器	层级
①	① ⑤	2
②	② ⑤ ⑨	3
③	③ ⑤	2
④	① ④ ⑤ ⑥	4
⑤	⑤	1
⑥	① ⑤ ⑥	3
⑦	③ ⑤ ⑦	3
⑧	① ⑤ ⑧	3
⑨	⑤ ⑨	2

根据“发送信号的断路器本身及其上级断路器可检测到拓扑信号”的原则，分析得到的拓扑结构如图 4-15 所示。

终端通过通信模块依次发出识别信号。以④号断路器为例，终端要求④号断路器发生脉冲电流信号，⑥、①、⑤号断路器能检测到脉冲电流信号并告知终端，终端已能判断⑥、①、⑤号断路器是④号断路器的上层节点。在⑥号断路器发出脉冲电流信号时，①、⑤号断路器能检测到脉冲电流信号并告知终端。终端已能判断①、⑤号断路器为⑥号断路器的上层节点。当①号断路器发出脉冲电流信号时，只有⑤号断路器能够检测到脉冲电流信号，终端已能判断⑤号断路器是①号断路器的上层节点；终端认为拓扑的层次结构是④→⑥→①→⑤→智能终端。

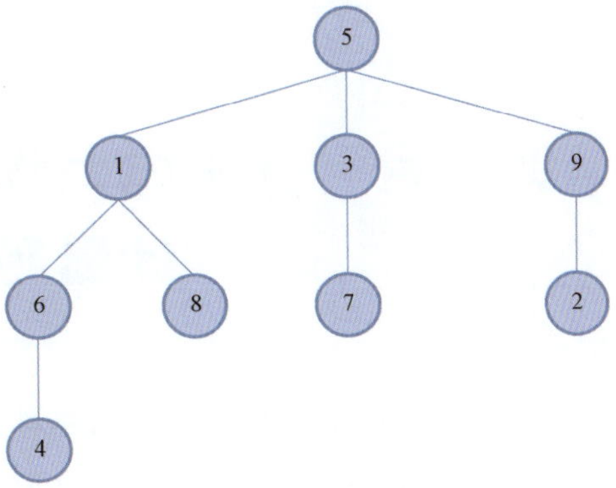

图 4-15　拓扑结构图

实验过程中，总体拓扑识别时间为 96s，拓扑识别准确率为 100%。实验结果表明，在试验环境下，本技术所形成的拓扑结构图和拓扑数据表准确、可靠，拓扑识别时间短，可清晰展示各级断路器之间的关系，为准确定位故障点和识别故障类型提供了技术途径。

第 5 章　基于电力物联网的智能防窃电计量箱设计

本章将针对电能计量现场的各类窃电等异常用电行为，综合分析现有的防窃电技术，介绍一种基于电力物联网的智能防窃电计量箱方案，该方案可有效解决对外界强磁场及强电击破坏监测的难题。

5.1 技 术 方 案

防窃电低压计量箱设计原理如图 5-1 所示，主要包括身份认证模块、图像检测模块、磁场检测模块、电击检测模块和控制分析模块。其中，身份认证模块用于对现场操作人员的身份进行认证，并根据身份认证结果判断开锁行为是否为正常事件；图像检测模块用于根据开锁行为的判断结果启动摄像功能，并将拍摄的图像加密后传输至服务器；磁场检测模块用于检测计量箱内是否存在磁场强度大于第一预设值的磁场，并将磁场检测结果加密后传输至服务器；电击检测模块用于检测计量箱内是否存在电流强度大于第二预设值的电击，并将电击检测结果加密后传输至服务器；控制分析模块根据获取的服务器内的图像、磁场检测结果和电击检测结果，判断是否存在窃电等异常用电行为。

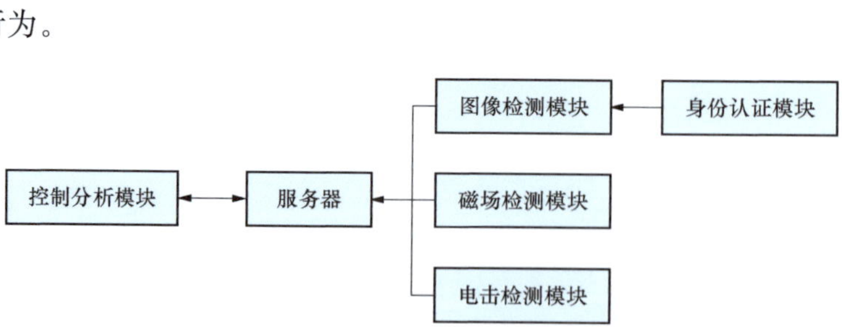

图 5-1　防窃电低压计量箱设计原理框图

5.2 智能计量箱硬件设计

5.2.1 设计方案

智能防窃电计量箱主要由监控系统、塑壳断路器、电子锁、线性霍尔传感器、重合闸断路器等部分组成，智能防窃电计量箱主体结构如图 5 - 2 所示。电源进入智能计量箱后，经监控系统接入塑壳断路器，然后接入计量装置、线性霍尔传感器，最后经由重合闸断路器接入用户。

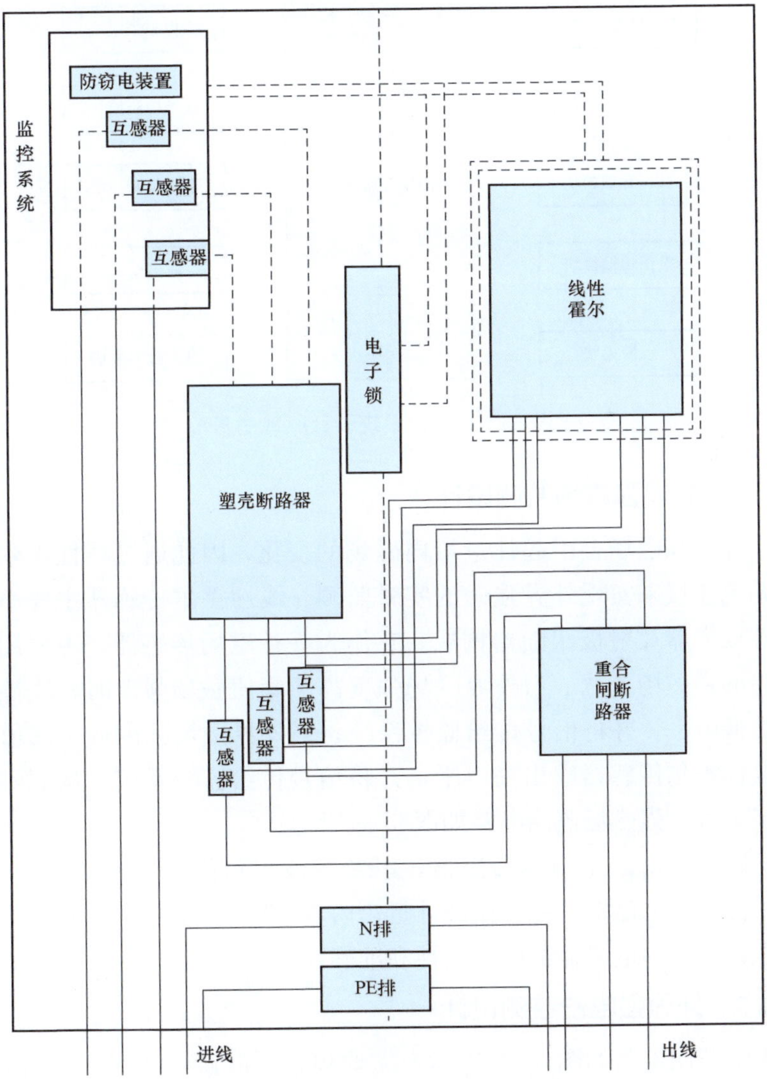

图 5 - 2　智能防窃电计量箱主体结构

监控系统设计原理框图如图 5 - 3 所示，该系统主要由身份认证模块、图像检测模块、磁场检测模块、电击检测模块和控制分析模块等组成。其中，控制分析模块是监测系统的核心，与其他监测和采集模块相连，负责处理相关信息并发出指令。在监测中，通过身份认证模块判断开锁是否为正常事件，从而判断是否启动图像检测模块；通过磁场检测模块和电击检测模块实时检测计量箱内是否存在强磁场干扰和强电击干扰；控制分析模块基于拍摄的图像、磁场检测结果和电击检测结果，判断外界是否存在窃电等异常用电行为，从而达到防止窃电和远程取证的目的。

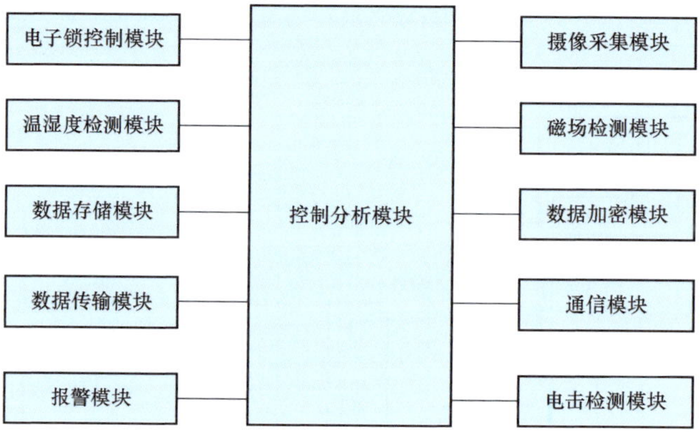

图 5 - 3　监控系统设计原理框图

5.2.2　外界强磁场监测设计

由于外界强磁场会引起计量箱内磁场的变化，因此通过线性霍尔传感器与监控系统连接来实现外界强磁的实时监测。线性霍尔传感器主要由霍尔元件、线性放大器及射极跟随器构成。它作为一种磁场传感器，主要用于检测来自外界的强磁场干扰。当外界磁场强度高于阈值磁场强度时，线性霍尔传感器输出低电平，并将信号传给监控系统；当外界磁场强度低于阈值磁场强度时，线性霍尔传感器输出高电平，并将信号传给监控系统，从而实时监测外界磁场干扰。强磁场监测电路如图 5 - 4 所示。

该电路主要由三个霍尔传感器，以及与该霍尔传感器并联的电容组成。利用霍尔传感器的磁电效应，监测计量箱内 X、Y、Z 轴三个方向上的磁场强度，实现计量箱内电磁监测的全面性和准确性。

5.2.3　外界强电击监测设计

强电击监测电路如图 5 - 5 所示，主要包括射频感应单元和运算放大器。当电击发生时，射频感应线圈将强电击信号转换成微弱的直流信号，并利用

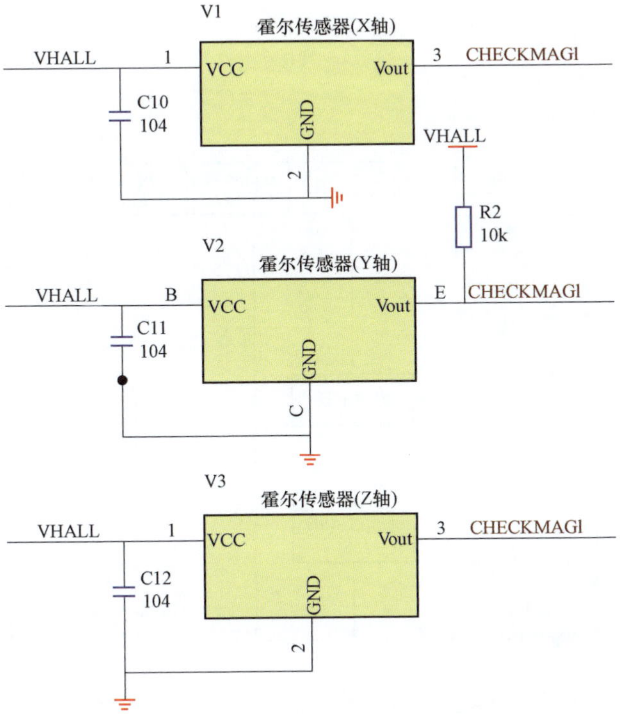

图 5-4　强磁场监测电路图

高精度的运算放大器将微弱的直流信号放大，放大的直流信号传送给控制分析模块，从而实时监测现场的电击事件。

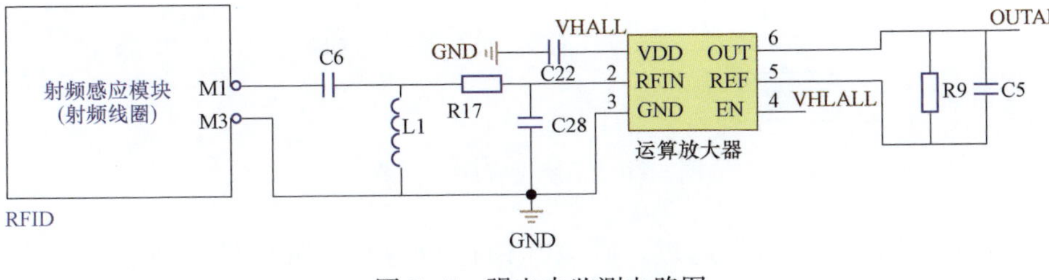

图 5-5　强电击监测电路图

5.3　智能计量箱软件设计

智能防窃电计量箱系统主程序流程如图 5-6 所示。

当操作人员达到计量箱操作现场后，首先对该操作人员的身份进行认证，例如，登录手机 App 软件和主站进行身份认证后方能打开计量箱，身份认证结果为通过，则获取授权并开锁打开计量箱，此时的开锁行为为正常事件。

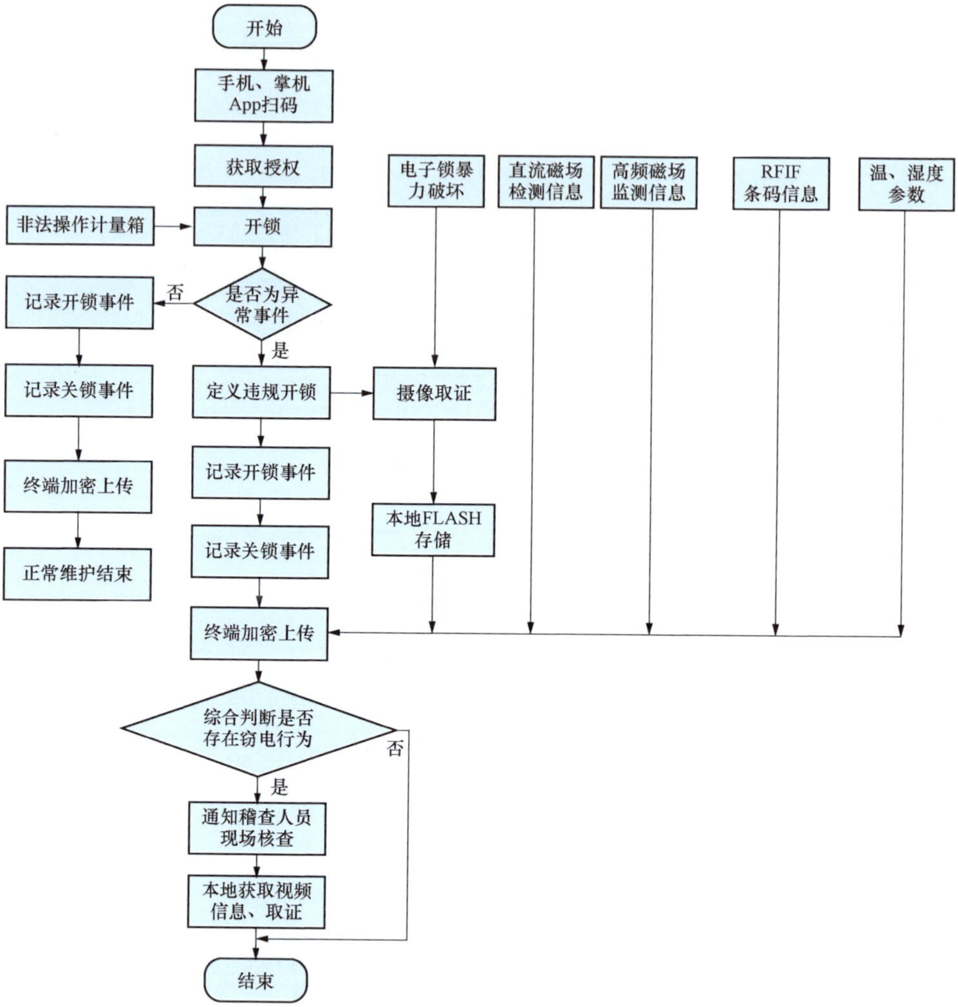

图 5-6　系统主程序流程图

若身份认证结果为未通过，则该开锁行为为非正常事件，即非法操作，此时防窃电装置启动图像检测模块的摄像功能，并将拍摄的图像加密后上传至服务器，以防止他人恶意修改。

检测计量箱内是否存在磁场强度大于第一预设值的磁场，例如，第一预设值为 2T，若计量箱内存在大于 2T 的磁场，则说明存在强磁场窃电行为；若计量箱内的磁场强度等于或低于 2T，则不存在强磁场窃电行为。同时，将磁场检测结果加密后传输至服务器。

检测计量箱内是否存在电流强度大于第二预设值的电击，例如，第二预设值为 10mA，若计量箱内存在大于 10mA 的电流，则说明存在强电击窃电行为；若计量箱内的电流等于或小于 10mA，则不存在强电击窃电行为。同时，将电击检测结果加密后上传。

最后，系统根据获取的开锁信息、直流磁场信息、高频磁场信息、温湿度参数等数据，进行窃电等异常用电行为综合判别。如果判断为存在窃电行为，则通知稽查人员进行现场核查，本地获取视频信息，并取证窃电行为。

5.4 箱内低压电流互感器智能监测设计

5.4.1 设计方案

计量用低压电流互感器回路从电能表侧看，其正常运行时对于某一固定频率的交流量来说为一固定的阻抗值；在电能表出口处短路则此阻抗为零；回路开路时此阻抗为无穷大。利用一个注入式变压器，在 TA 回路中注入某一低频或高频信号，监测对于此频率信号的阻抗值，即可监视回路开路、短路或正常等情况。注入式变压器原理接线图如图 5-7 所示。

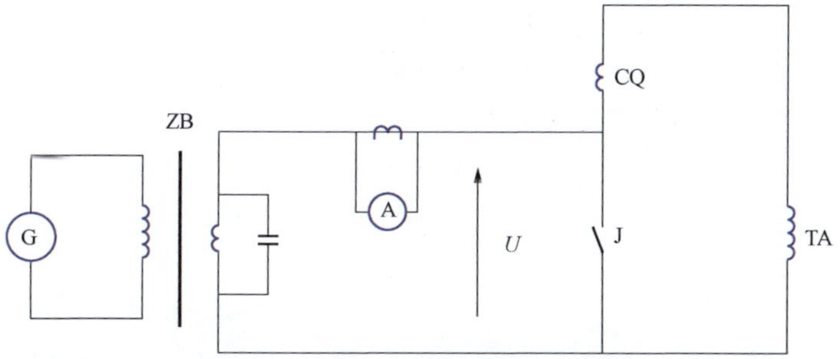

图 5-7 注入式变压器原理接线图

图中，G 为信号源，ZB 为注入式变压器，J 为继电器接点（用于在不测量时短接回路），A 为电流表，测量回路电流；U 为测量回路电压；CQ 为电能表电流线圈；TA 为 TA 二次绕组。测量电路原理框图如图 5-8 所示。

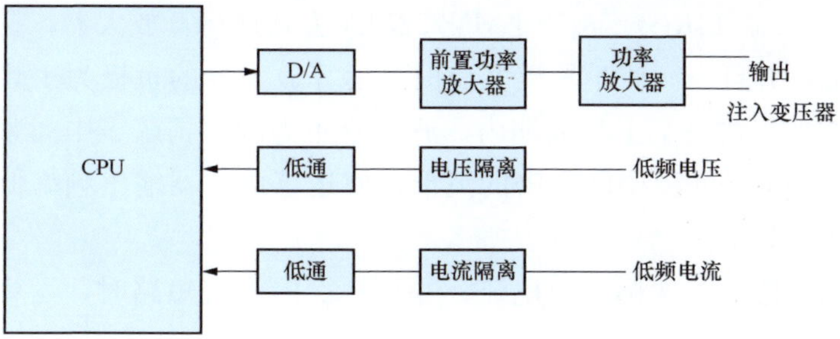

图 5-8 测量电路原理框图

由于电能表计量回路的特殊性，如果采用某一低频信号（如 10Hz），元器件尺寸可能会较大；但如果采用某一中频信号（如 150Hz 或 250Hz）来实现监测，则效果会更好。同时，由于该回路只需监测 TA 回路的短路、开路和正常三种工况，而此三种工况中注入变压器的输出电压值会有明显变化，所以只监测输出电压幅值即可判断回路的工况。

5.4.2 短路监测方案

低压电流互感器短路监测的振荡回路设计原理如图 5-9 所示。

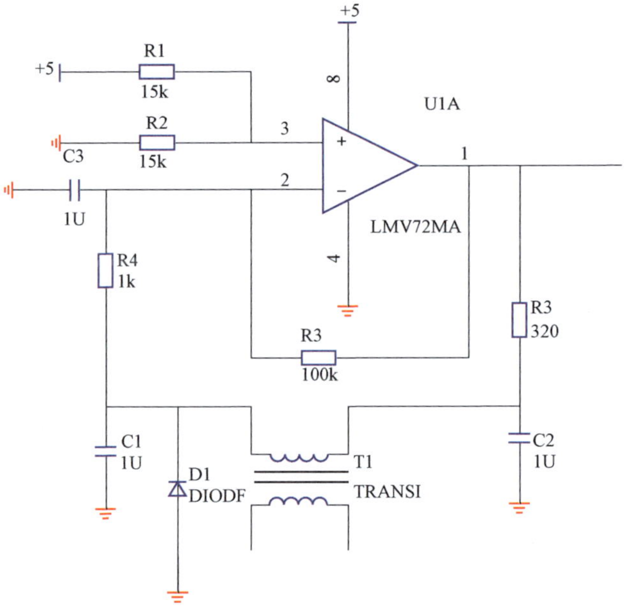

图 5-9　振荡回路设计原理图

由图可知 R1、R2 分压，运算放大器的正极为+2.5V，利用电容充放电。当运算放大器的负级大于 2.5V 时，输出为负；当运算放大器的负级小于 2.5V 时，输出为正，于是运算放大器的输出为方波。C3 和 R4 组成低通滤波器，$F=1/(2\times3.14RC)$。由于 LMV772MA 为高速运算放大器，在互感器一次侧通电流，并且一次侧不短路实验时，运算放大器的负极为工频电流和方波电流的叠加。在一个工频周期内，波形分布为两边稀疏、中间紧密。低通滤波器的作用就是滤掉中间紧密的波形，使运算放大器输出频率低于短路频率。检测步骤如下：

（1）当互感器一次侧不通电流，并且一次侧没有短路时，运算放大器输出固定频率的方波。

（2）当互感器一次侧不通电流，并且一次侧短路时，由于电路中电感的变化，运算放大器输出另一固定频率的方波。

（3）当互感器一次侧通电流，并且一次侧不短路时，由于电路中电感的变化，以及一次侧感应电流的叠加，运算放大器输出频率时变的方波。

（4）当互感器一次侧通电流，并且一次侧短路时，由于电路中电感的变化、一次侧感应电流的叠加以及一次侧短路分流，运算放大器输出固定频率的方波。

当进行（1）时，输出频率为255Hz的常数。频率大小由R_3、C_1、C_2共同决定，R_3越大频率越低，C_1越大频率越低，C_2越大频率越低。

当进行（2）时，输出频率为1500Hz的常数。频率大小由R_3、C_1、C_2共同决定，R_3越大频率越低，C_1越大频率越低，C_2越大频率越低。

当进行（3）时，电流调节范围为额定电流的0%～400%，输出频率在255～1450Hz范围变化。频率大小由R_3、C_1、C_2以及一次侧电流共同决定，R_3越大频率越低，C_1越大频率越低，C_2越大频率越低，一次侧电流越大频率越高。

当进行（4）时，电流调节范围为额定电流的0%～400%，输出频率大于1500Hz。频率大小由R_3、C_1、C_2以及一次侧短路分流共同决定，R_3越大频率越低，C_1越大频率越低，C_2越大频率越低，一次侧分流越大频率越高。

低压电流互感器短路判断：当互感器短路时，运算放大器输出频率高于1500Hz时；当互感器没有短路时，由于低通滤波器的作用，运算放大器输出频率低于1500Hz。

5.5 功 能 测 试

按照图5-10搭建系统功能测试平台，主要包括智能防窃电计量箱、前端主站、现场作业终端等。

前端主站主要负责计量箱参数设置、事件查询、监控数据分析和数据召测。智能防窃电计量箱、现场作业终端与前端主站之间分别通过GPRS方式进行通信和数据传输，现场作业终端通过蓝牙或WiFi的通信方式来实现与防窃电计量箱之间的数据交互。

通过测试平台，对防窃电计量箱的各项功能进行测试。实验结果表明，该智能防窃电计量箱能够在系统控制下完成智能门禁控制、磁场检测、电场检测、温湿度检测、摄像采集、射频标签读取、人体感应、振动检测、电流

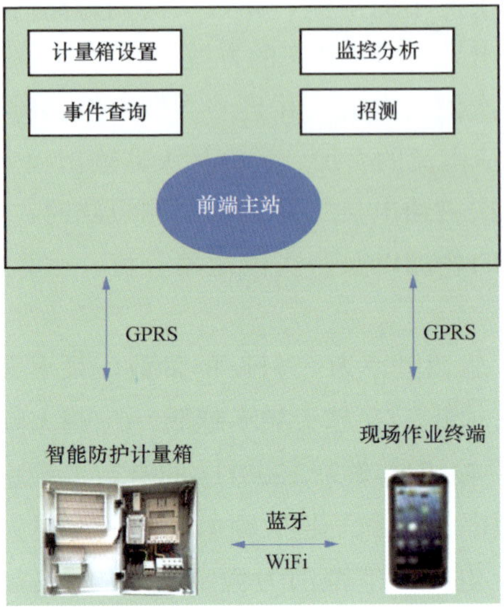

图 5-10　测试系统平台示意图

监测比对、远程通信、本地通信、报警及历史数据查询等功能，实现了远程对计量箱的智能管理和用电安全的防护，能实时监控计量箱的现场运行状态。

5.6　系统功能实现

5.6.1　身份认证管理功能

管理员或现场操作人员到现场后，只有登录手机 App 软件和主站进行身份认证后方能打开计量箱，身份认证流程如图 5-11 所示。

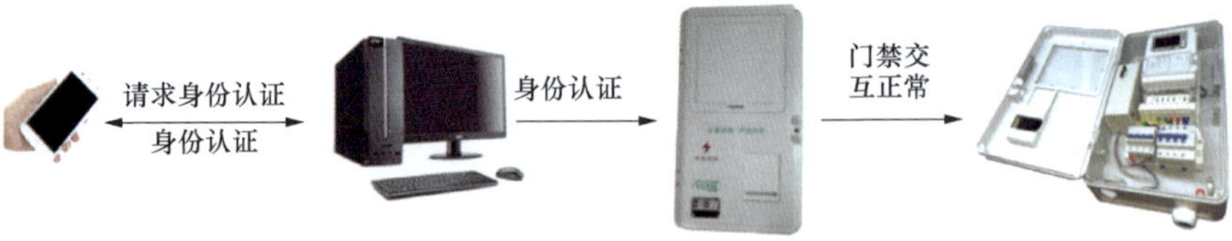

图 5-11　身份认证流程

未通过身份认证的操作都属于非法操作。智能防窃电计量箱检测到箱门非法开启后会实时上传非法开箱记录到服务器，并把事件记录推送到手机 App 上。认证失败流程如图 5-12 所示。

5.6.2　图像检测功能

检测到箱门非法开启后，智能防窃电检测装置启动图像拍摄功能。检测

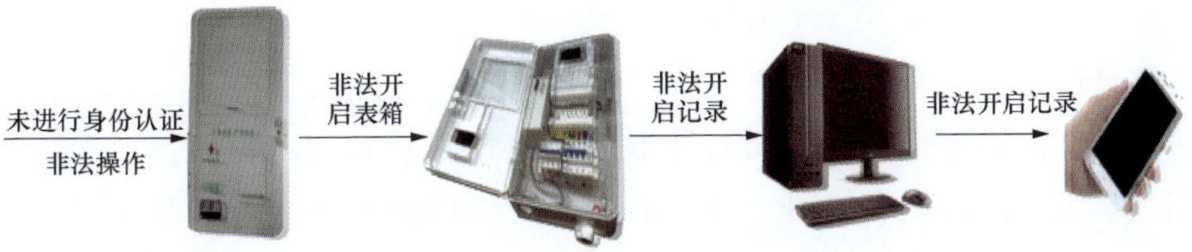

图 5 - 12　身份认证失败流程

装置通过隐藏的高清摄像头拍摄图片，并通过 4G 通信模块把图片实时传输到主站系统，主站把照片推送到手机 App 上。像素分辨率可达到 1024×768。图像检测流程如图 5 - 13 所示。

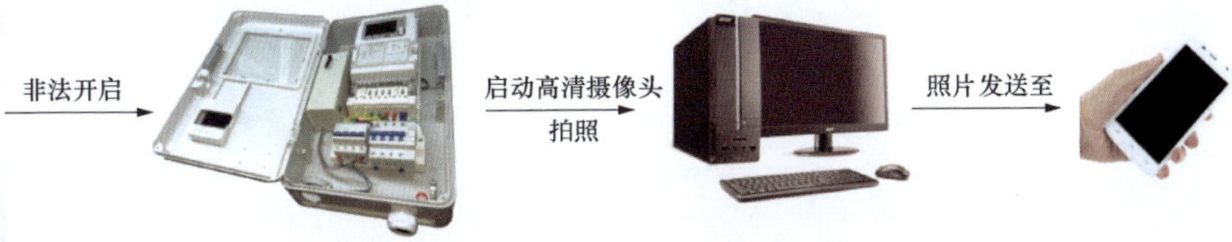

图 5 - 13　图像检测流程

5.6.3　远程跳闸功能

管理员或现场操作人员通过服务器反馈的数据进行综合分析后，通过发送指令实现远程跳闸。远程跳闸流程如图 5 - 14 所示。

图 5 - 14　远程跳闸流程

5.6.4　远程合闸功能

管理员或现场操作人员等处理异常事件后可发命令实现远程合闸，远程合闸流程如图 5 - 15 所示。

图 5 - 15　远程合闸流程

5.6.5 计量箱非法开箱报警上报

登录计量箱后台管理系统主站，系统界面如图 5 - 16 所示；使用掌机与智能防窃电计量箱进行连接，实时读取计量箱箱门状态与门锁状态，现场作业终端（掌机）读取记录如图 5 - 17 所示；对反窃电计量箱制造 5 次正常开箱与 5 次非法开箱，开闭查询界面如图 5 - 18 所示；从主站读取开箱报警记录；使用现场作业终端（掌机）对非法开箱视频进行播放与导出，备份视频数据，现场作业终端（掌机）读取视频记录如图 5 - 19 所示。

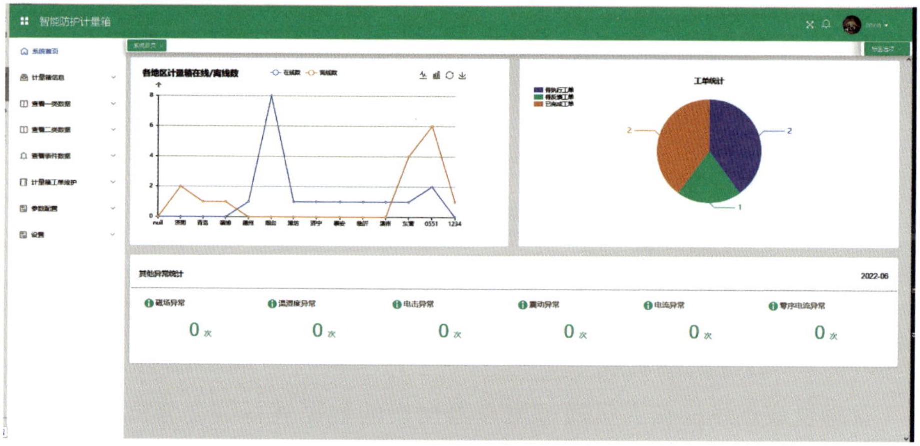

图 5 - 16　系统界面

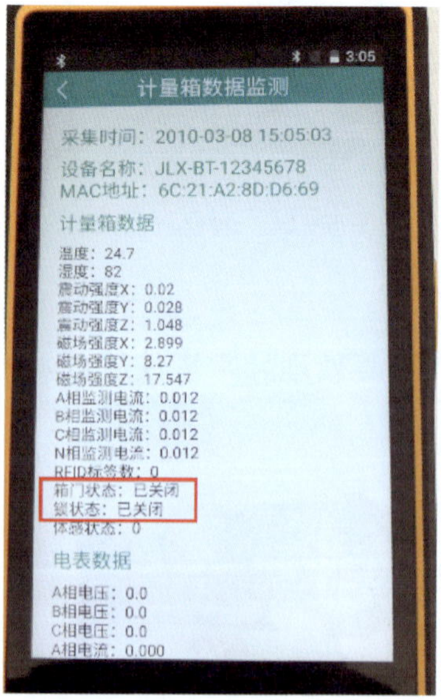

图 5 - 17　现场作业终端（掌机）读取记录

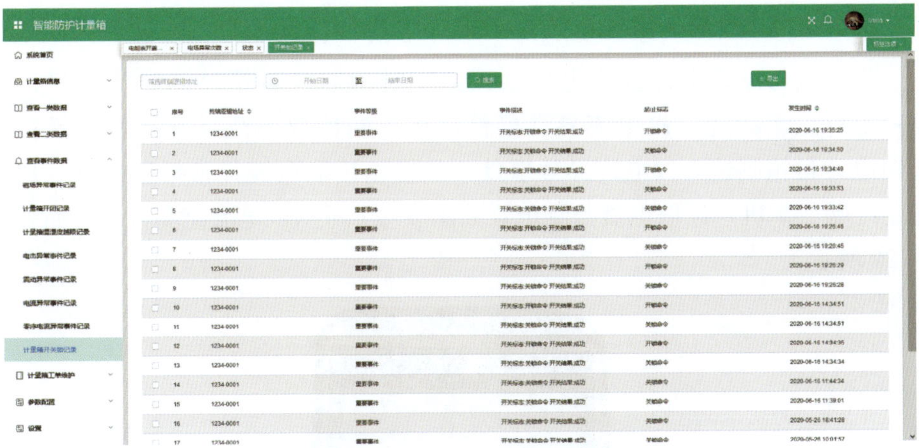

图 5-18　开闭查询界面

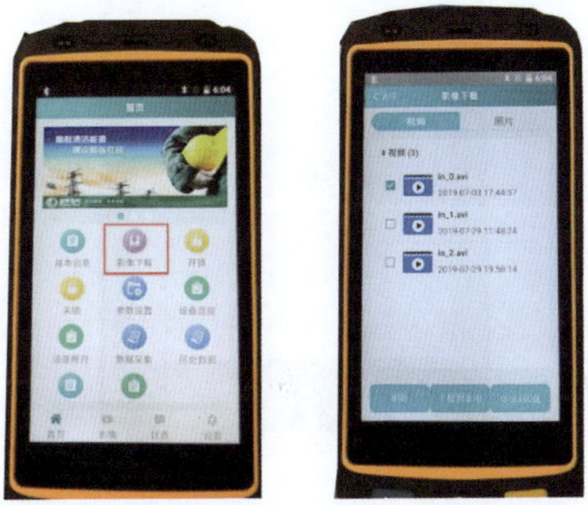

图 5-19　现场作业终端（掌机）读取视频记录

现场应用中，通过隐藏的摄像头拍摄窃电人及其窃电具体行为，如图 5-20 所示。

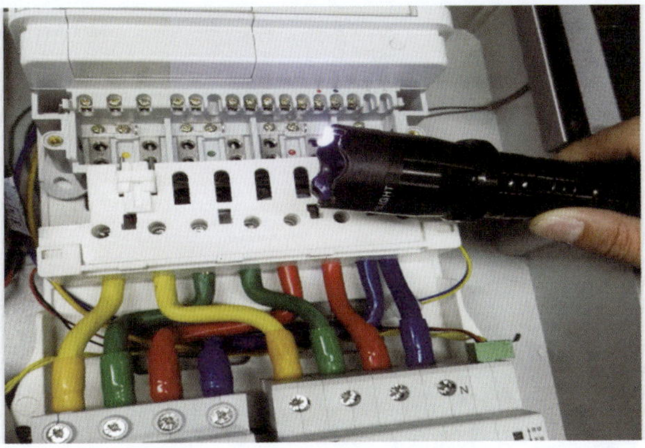

图 5-20　箱门非法打开现场照片

5.6.6 计量箱电流异常报警上报

将掌机与反窃电计量箱进行连接，实时读取计量箱监测电流信息；对反窃电计量箱制造 5 次电流异常事件，从主站读取电流异常报警记录；对反窃电计量箱制造 5 次电流异常事件，从主站读取电流异常报警记录。现场作业终端（掌机）读取电流监测记录如图 5 - 21 所示，电流监测查询界面如图 5 - 22 所示。

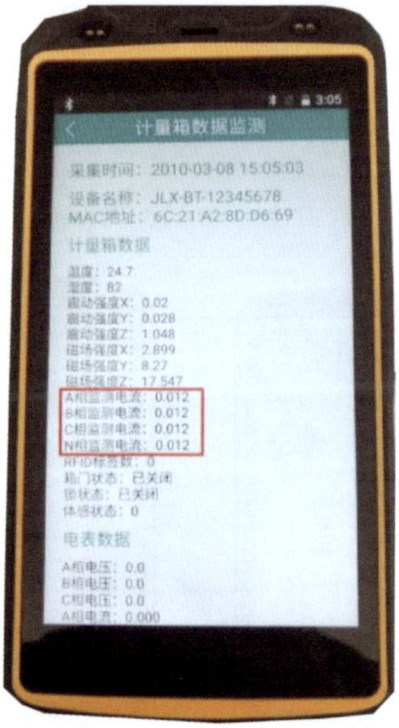

图5 - 21　现场作业终端（掌机）读取电流监测记录

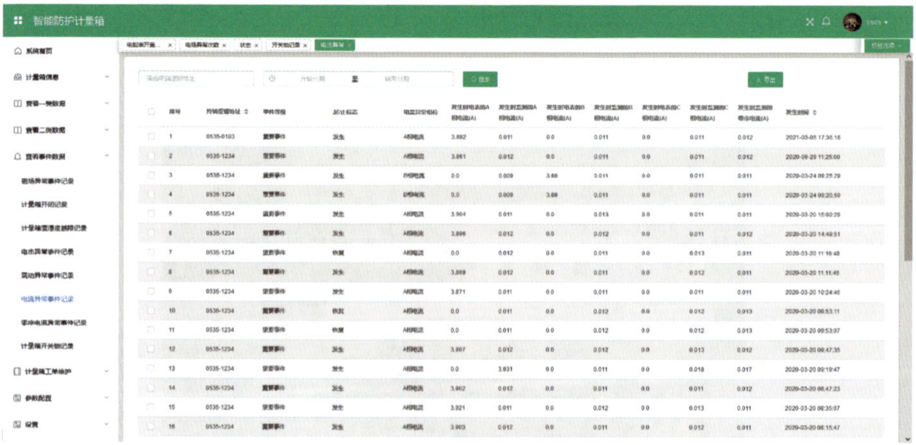

图 5 - 22　电流监测查询界面

5.6.7 计量箱温度异常报警上报试验

使用掌机与反窃电试验箱进行连接，实时读取计量箱温度信息；对防窃电计量箱制造 5 次温度异常事件，从主站读取温度异常报警记录。现场作业终端（掌机）读取温度记录如图 5 - 23 所示，主站温度查询界面如图 5 - 24 所示。

图 5 - 23　现场作业终端（掌机）读取温度记录

图 5 - 24　温度查询界面

5.6.8 计量箱磁场异常报警上报

使用掌机与反窃电试验箱进行连接，实时读取磁场强度 X、磁场强度 Y，磁场强度 Z 的实时信息；对反窃电计量箱制造 5 次磁场异常事件，从主站读取磁场常报警记录；对反窃电计量箱制造 5 次磁场异常事件，从主站读取磁场常报警记录。现场作业终端（掌机）读取磁场强度记录如图 5-25 所示，系统磁场强度查询界面如图 5-26 所示。

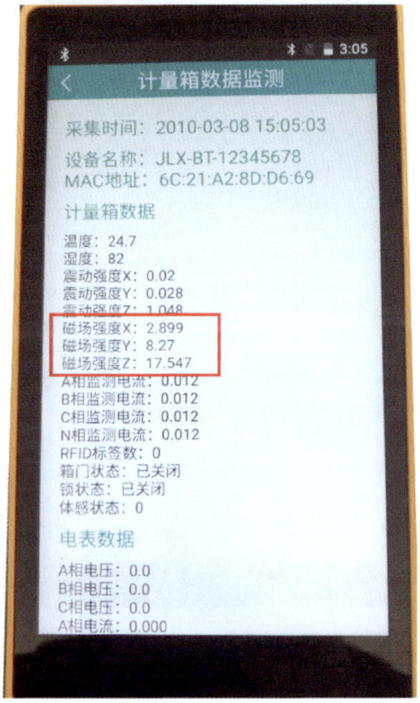

图 5-25　现场作业终端（掌机）读取磁场强度记录

图 5-26　系统磁场强度查询界面

5.6.9 计量箱震动异常报警上报

使用掌机与反窃电试验箱进行连接，监测震动实时信息；对反窃电计量箱制造 5 次振动异常事件，从主站读取振动常报警记录。现场作业终端（掌机）读取振动记录如图 5-27 所示，系统振动查询界面如图 5-28 所示。

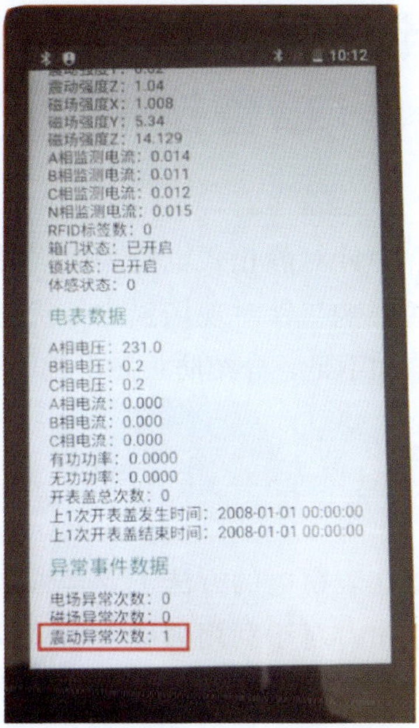

图 5-27　现场作业终端（掌机）读取振动记录

图 5-28　系统振动查询界面

第 6 章　电能表中交变与恒强磁检测报警技术

本章将围绕国家标准中针对静止式电能表对强磁干扰的具体要求，分析磁场对电能表计量性能的影响。针对现场强磁干扰窃电的实际案例，分析电能表在抗强磁方面的缺陷和不足，介绍防强磁干扰的新型电能表设计。

6.1　标　准　要　求

过去抑制磁场干扰电能表窃电的方法主要是采用磁屏蔽的方法，但面对强磁干扰，此方法无济于事。对于利用强磁干扰窃取电量的行为，国内还没有电能表可以进行有效的检测和防御。

GB/T 17215.321—2008《交流电测量设备特殊要求　第 21 部分：静止式有功电能表（1 级和 2 级）》中有关恒定磁场对静止式电能表的影响要求如表 6-1 所示，标准规定恒定磁场可通过直流电磁铁获得，该磁场作用于按正常使用时安装的仪表的所有可触及表面，其磁势值应为 1000At。

表 6-1　外部恒定磁场对静止式电能表的影响要求

影响量	电流值		功率因数	电能表百分数误差改变极限	
	直接接入	经互感器接入		1	2
外部恒定磁感应	I_b	I_n	1.0	2.0	3.0

利用仿真软件 Maxwell 2D 对 GB/T 17215.321—2008《交流电测量设备特殊要求　第 21 部分：静止式有功电能表（1 级和 2 级）》中规定的电磁铁进行磁场分析，得到电磁铁及周围空间的磁感应强度仿真图，如图 6-1 所示。由图 6-1 可知，随着距离的增大，磁感应强度减小。该磁场作用于正常安装的电能表所有可触及的表面，最大磁感应强度不超过 0.02T，电能表应能满足表 6-1 的指标要求，应能准确计量。

根据磁感应原理，利用式（6-1）可知，在磁动势即安匝数一定的情况下，磁感应强度与气隙的长度（离铁心的距离）成反比。

$$\begin{cases} \varepsilon_m = \Phi R_m \\ \varepsilon_m = NI = 1000 \\ \Phi = \int_s B\mathrm{d}S \\ R_m = \dfrac{1}{\mu_0}\dfrac{l}{S} \end{cases} \tag{6-1}$$

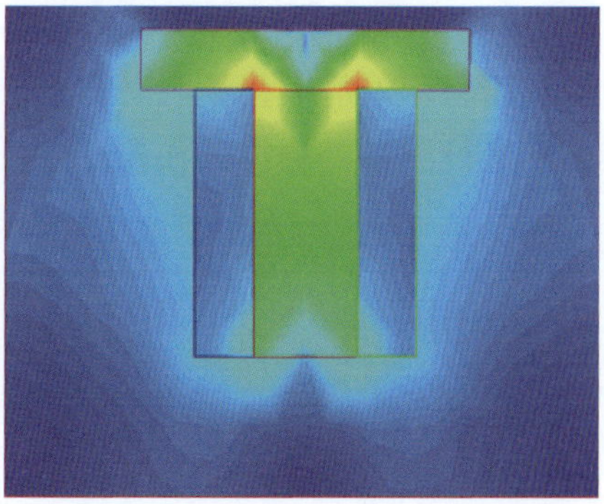

图 6-1　电磁铁及周围空间的磁感应强度仿真图

式中：ε_m 为磁动势；Φ 为磁通；R_m 为磁阻；B 为磁感应强度；l 为气隙长度；S 为面积；μ_0 为真空中磁导率，取 $4\pi\times10^{-7}$ H/m。

6.2　磁场对电能表计量性能影响分析

6.2.1　现场缴获的永久磁铁分析

利用特斯拉计对现场缴获的不同形状的永久磁铁进行了测试，测试结果如表 6-2 所示。其中，永久磁铁 1 为多块永磁构成磁铁，永久磁铁 2 为单一永久磁铁。

表 6-2　实测磁感应强度

距离（cm）	永久磁铁 1 产生的磁感应强度（mT）	永久磁铁 2 产生的磁感应强度（mT）
0	700	436
1	230	183
2	140	90
3	89	60
4	49	37
5	30	24

由表 6-2 可知，随着测试点与永久磁铁间的距离增大，磁感应强度减弱，到 5cm 以上才能降到 20mT 以下。而距离越近，产生的磁感应强度越大，从而引起计量偏差。将强磁磁铁靠近表壳，其产生的电磁场会影响电能表的大多数元器件，如锰铜电阻、电流互感器、核心的电子器件等，从而减小功率的测量值，甚至将功率减小到 0，从而影响电能表的正常计量。

6.2.2 实测磁场对电能表计量性能的影响

利用三相电能表检测台体，对四个厂家不同规格的三相四线安装式电能表分别进行测量，测得其在参比条件下的误差如表 6-3 所示。

表 6-3　　参比条件下各电能表的误差

电流	测量点	A厂家型号：DTZY1296	B厂家型号：DTZY566	C厂家型号：DTZY341	D厂家型号：DTZY188
I_b	1	−0.0572	−0.0716	−0.0192	−0.1039
		−0.0596	−0.0164	−0.0176	−0.0791
	0.5L	−0.0200	−0.0284	−0.0368	−0.0759
		−0.0140	−0.0260	−0.0320	−0.0863
	0.8C	−0.0656	−0.0128	+0.0224	−0.0887
		−0.0919	−0.0128	0.0000	−0.0903
$0.5I_b$	1	−0.0461	+0.0328	+0.0068	−0.0959
		−0.0616	−0.0245	+0.0092	−0.0909
	0.5L	−0.0625	+0.0959	+0.0184	−0.0534
		−0.0643	+0.0133	+0.0184	−0.0538
	0.8C	−0.0724	−0.0563	+0.014	−0.1005
		−0.0596	−0.0140	+0.006	−0.1037

在确保各电能表都能正常计量的基础上，使用永久磁铁对各电能表进行干扰。通过测试发现，永久磁铁放于表壳背面即互感器附近时（见图 6-2 和图 6-3），对电能表计量影响很大，测试数据如表 6-4 和表 6-5 所示，在其他位置均无磁场干扰影响。

图 6-2　单个永久磁铁从背面对电能表进行干扰

图 6-3　多块永久磁铁从背面对电能表进行干扰

表 6-4　单个永久磁铁对电能表的计量误差影响

电流	测量点	A厂家型号：DTZY1296	B厂家型号：DTZY566	C厂家型号：DTZY341	D厂家型号：DTZY188
I_b	1	−93.8595	−89.2720	−1.3402	−33.6229
		−93.8604	−89.5000	−1.3340	−33.6215
	0.5L	−59.6568	−53.1867	+6.5462	−2.7275
		−59.6587	−53.1577	+6.5317	−2.7411
	0.8C	−91.3031	−94.2867	−4.7605	−47.0296
		−91.9043	−94.2790	−4.7634	−47.0247
$0.5I_b$	1	−93.9102	−90.0944	−1.3690	−33.4935
		−93.9091	−90.1170	−1.3717	−33.4982
	0.5L	−59.8113	−53.7615	6.8349	−4.8035
		−59.8120	−53.7748	6.8340	−4.0771
	0.8C	−91.2960	−94.2383	−4.9491	−46.2787
		−91.2968	−94.2528	−4.9534	−46.2809

表 6-5　多块永久磁铁对电能表的计量误差影响

电流	测量点	A厂家型号：DTZY1296	B厂家型号：DTZY566	C厂家型号：DTZY341	D厂家型号：DTZY188
I_b	1	−97.1423	−98.4902	−64.9054	−67.8035
		−97.1426	−98.4914	−64.9018	−67.8263
	0.5L	−74.3286	−84.0182	−40.4353	−47.5002
		−74.3321	−84.0110	−40.4410	−47.5063
	0.8C	−92.9918	−96.2100	−75.5370	−76.6906
		−92.9919	−95.2031	−75.5360	−76.6915
$0.5I_b$	1	−97.4153	−89.5512	−64.9585	−67.8947
		−97.1438	−98.5137	−64.9600	−67.8910
	0.5L	−74.4073	−83.8639	−40.4854	−47.4612
		−74.4081	−83.7676	−40.4956	−47.4574
	0.8C	−92.9915	−95.1804	−75.6226	−76.7768
		−92.9911	−95.2117	−75.6207	−76.7783

由表 6-4 和表 6-5 可知，多块永久磁铁比单块永久磁铁对电能表计量误差的影响大，在功率因数为 1 时，使用叠加的电磁铁从电能表背面互感器的位置进行干扰，即可以认为此时表计停止计量。由此可知，当外部干扰磁场

超过国标中的200Gs时，电能表计量误差将受到严重影响，不能准确计量，误差严重偏负，从而达到窃电的目的。

6.3 防强磁干扰电能表设计

针对实际应用过程中的强磁干扰，研制具有检测恒定磁场和交变磁场干扰，并实时报警功能的电能表。

6.3.1 设计思路

通过增加强磁检测模块，磁检测报警电能表可对电能表周围存在的恒定磁场及交变磁场进行检测。当发现异常时生成报警信息，通过无线通信的方式将磁场干扰用电异常信息实时上报给用电管理系统。磁检测报警电能表主要技术参数如表6-6所示。

表6-6　　磁检测报警电能表主要技术指标

恒定磁场检测灵敏度	100Gs
交变磁场检测灵敏度	100Gs
工作温度	−25～60℃
极限工作温度	−40～70℃
相对湿度	≤95%（无凝露）

磁检测报警电能表由基表和磁场检测模块组成，其中基表包括微控制器、存储单元、时钟、指示单元、计量单元、供电系统单元和输入输出电路。强磁检测模块是磁检测报警电能表区别于其他电能表的重要技术特征，用于检测电能表周围存在的恒定磁场和交变磁场干扰，并将检测到的信号传送给微控制器。强磁检测模块的电源直接由基表提供，与基表主电源电路之间具有4kV电气隔离。模块具有4路磁场检测通道，分别从不同的位置对恒定磁场和交变磁场进行检测。各磁场检测通道的多路输出经过逻辑组合电路的线与运算后输出报警信号，只要有一路检测通道输出低电平（检测到强磁干扰）则产生报警信号。基表的微控制器接收到报警信息后根据设定的应用需求记录事件、输出声/光报警、同时通过无线模块实时上报异常用电信息至用电管理中心。

6.3.2 磁检测报警电能表特征

磁检测报警电能表增加了恒定磁场和交变磁场检测电路，对电能表周围的磁场干扰进行监测，当检测到磁场干扰时产生报警信息，并通过无线通信的方式上传到供电方。与传统静止式电能表相比较，其具有以下特征：

（1）通过对外界强磁场干扰的判断，实现对电能表自身的保护，并产生实时告警信息。

（2）电能表将受外界强磁场干扰的告警信息主动上报，传送至 SG186 营销业务系统及用电信息采集主站系统，实现告警信息的共享。

6.3.3 设计方案

恒定磁场和交变磁场都会影响电能表的正常计量。窃电者通常会在电能表附近放置强磁铁或大线圈以干扰电能表的正确计量，从而达到窃电的目的。强磁铁靠近表壳将减小功率的测量值，甚至将功率减小到零；大线圈产生的电磁场会影响电能表中大多数的元器件（如锰铜电阻、电流互感器等）。当采用磁屏蔽、误差补偿等方式无法排除磁场干扰产生的影响时，可以用磁场强度检测装置来感测磁场，当存在磁场干扰时向电能表输出报警信息。

磁场检测装置具备检测交变磁场和恒定磁场的功能，其原理框图如图 6-4 所示。它由电源电路、交变磁场检测模块、恒定磁场检测模块及逻辑组合电路组成。电源电路采用与电能表的完全隔离的电源供电；交变磁场检测模块包含两路交变磁场检测线圈，一个为垂直方向，另一个为水平方向；恒定磁场检测模块共有六路检测通道，分别从六个不同的方向对恒定磁场进行检测；逻辑组合电路的信号输出至电能表。一旦接收到来自磁场检测的报警信号，电能表可以根据设定的应用需求记录事件、输出声/光报警，同时通过 GPRS 上报信息至用电管理中心。

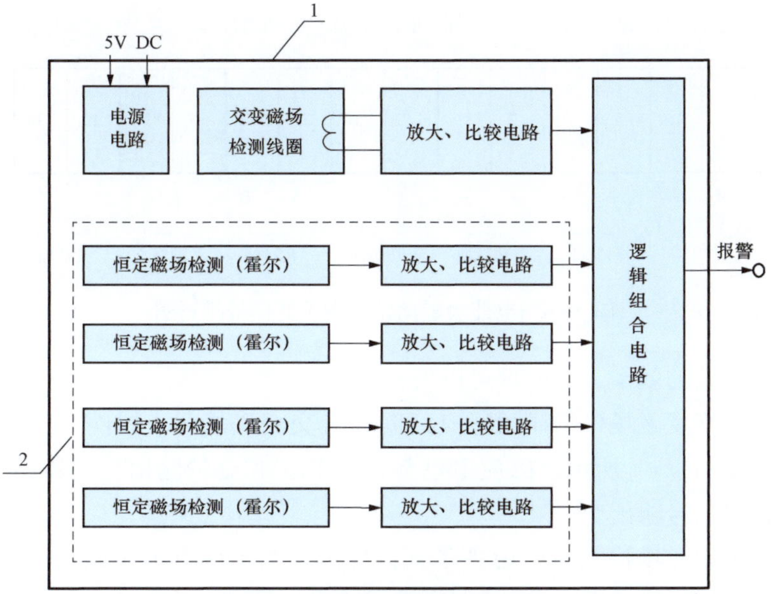

图 6-4 磁场检测装置方框图

图 6-4 中，5V 直流电源由电能表通过辅助接线端子 3、4 提供，此电源与电能表内部其他电路采用 4kV 电气隔离，报警信号由电能表的辅助接线端子 1、2 接入，采用光耦隔离（4kV 电气隔离）。

电能表采用带 GPRS 抄表功能的电能表，如图 6-5 所示。

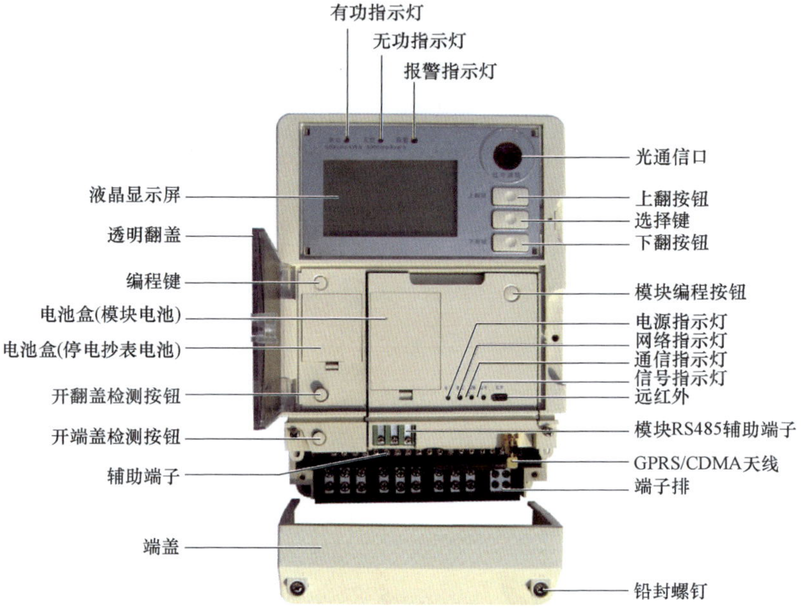

图 6-5　带 GPRS 功能的电能表

电能表辅助接线端子的信号排列如图 6-6 所示。

1	2	3	4	5	6	7	8	9	10	11	12	13	14	15	16	17	18
		+	−	+	−	+	−	+	−	A	B						
报警输入		5VDC		秒脉冲		有功脉冲		无功脉冲		RS485		预留		报警输出		跳闸	

图 6-6　电能表辅助接线端子的信号排列图

磁场检测的基本工作原理可以概括为：

（1）当交变磁场检测线圈感应到周围有交变磁场时，线圈产生感应电动势，如图 6-7（a）所示。感应电动势经过放大和比较输出至逻辑组合电路，并产生报警信号输出。

（2）恒定磁场检测主要由霍尔元件完成，当周围有恒定磁场时，霍尔元件产生感应信号，如图 6-7（b）所示。感应信号经过放大比较电路和逻辑组合电路处理后产生报警信号输出。

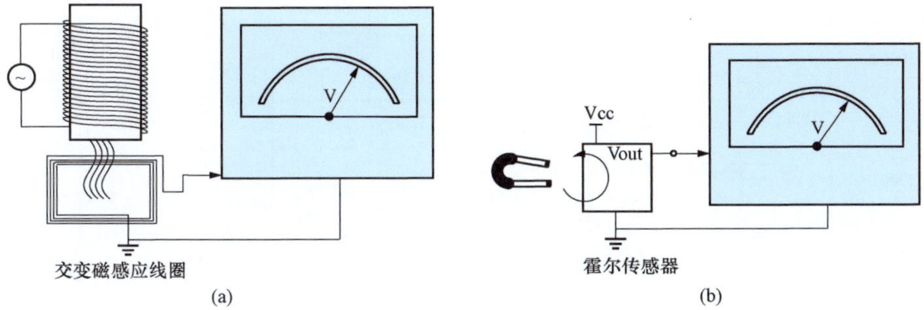

图 6 - 7　磁场检测原理示意图

（a）交变磁场检测；（b）恒磁检测

6.3.4　实现方式

1. 方式一：检测装置装在表外

图 6 - 8 中，1 表示基表，2 表示外置磁检测板，3 和 4 表示两个串联的交变磁场检测线圈，5 表示霍尔恒磁检测器。

安装方式：此方案安装在表外，磁检测板制作成约为 100mm×70mm×10mm 的方盒，方盒的左右两侧增加两个卡位，磁检测盒依靠卡位固定在基表的背面。

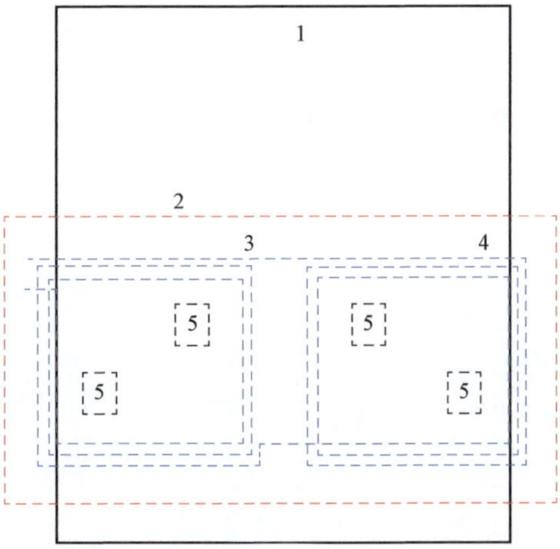

图 6 - 8　检测装置装在表外

接口方式：与基表采用三线接口，分别是电源、地信号（电源与报警输入信号在表内共地）及一路报警输出信号。电源为＋5V，要求与基表主电源、计量电源隔离，报警信号输出为无源开集输出（PNP 射极开路）至基表光耦输入端，低电平报警。为降低功耗，采用低功耗器件，检测板总功耗在 50mW 以内。

程序处理：基表 MCU 程序会定时检测强磁报警信号，若有强磁报警输入，MCU 经延时再确认是否有报警，若有则通过 GPRS 等方式通知上位机发出报警及其他事件记录等处理。检测电路原理如图 6 - 9 所示。

对于交变磁场，串联的线圈 T10 与 T11 用于检测不同位置穿过的交变磁场，线圈感应的电动势叠加后经过放大，再经过比较输出至报警。对于恒定

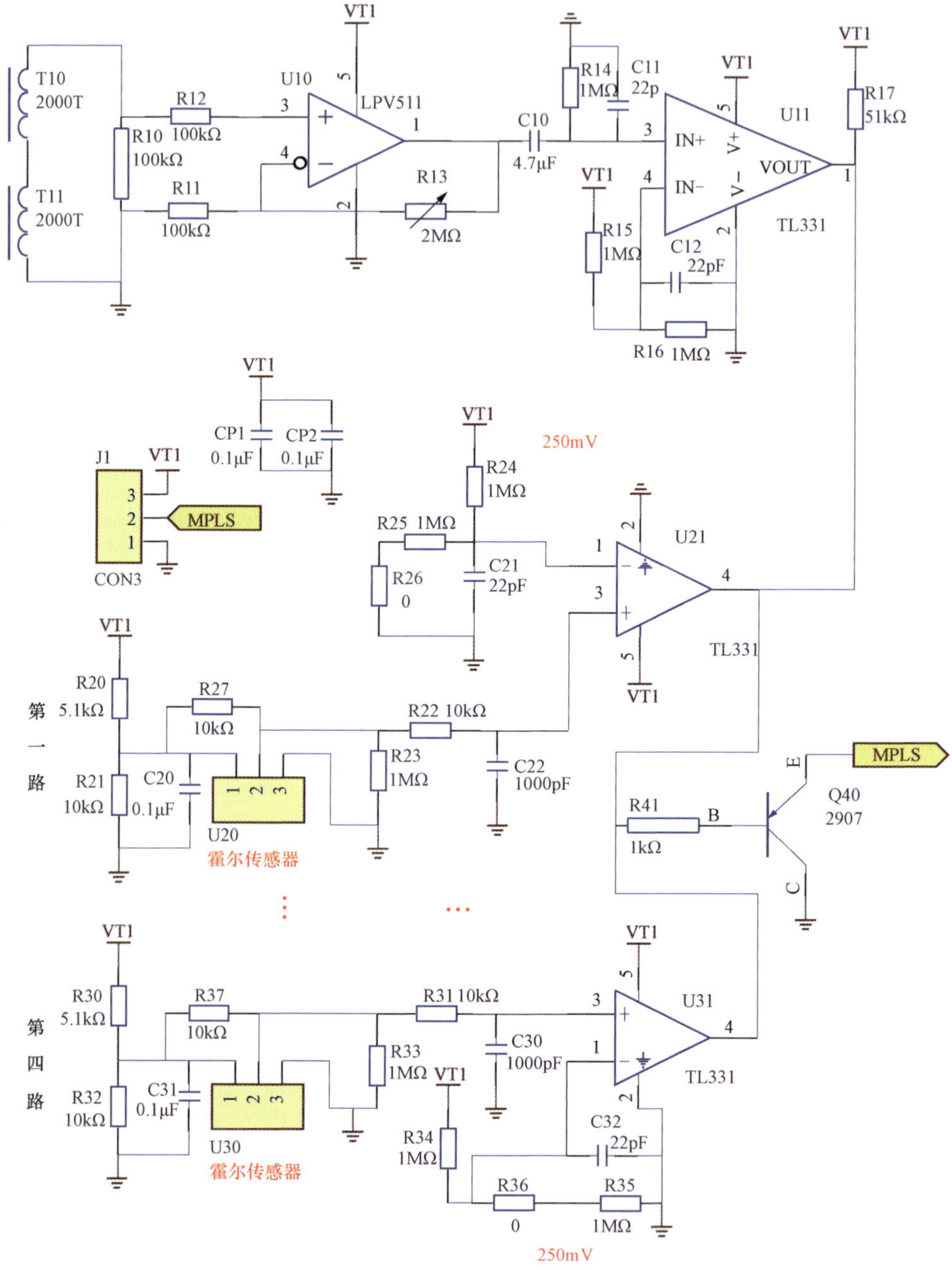

图 6－9　检测电路原理图

磁场，霍尔传感器 U20、U30 用于检测恒定磁场，它的输出经过比较后送至报警器；系统输出满足逻辑关系式 Y＝A·B·C，只要有一路磁场异常就会报警。

2. 方式二：检测装置装在表内

图 6-10 中，1 表示基表，2 表示外置磁检测板，3 和 4 表示两个串联的交变磁场检测线圈，5 表示霍尔恒磁检测器。原理和电路与表外检测装置相同，检测板体积更小，可置于表内，依靠接口与点胶固定。

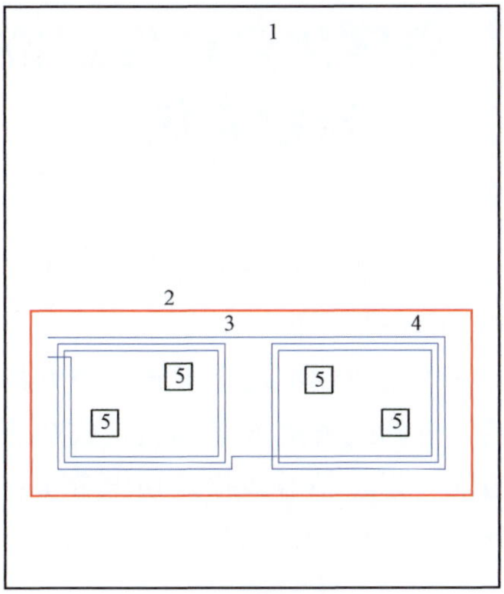

图 6-10　检测装置装在表内

新型防强磁干扰电能表的磁场检测主要技术指标如表 6-7 所示。

表 6-7　主要技术指标

恒定磁场检测灵敏度	100Gs
交变磁场检测灵敏度	100Gs
工作温度	−25～60℃
极限工作温度	−40～70℃
相对湿度	≤95%（无凝露）

作为电能表的一种防窃电措施，磁场检测装置安装时应贴近受保护的电能表，同时置于用户不能直接触摸或破坏的地方，以免窃电者有机可乘。

第 7 章　异常用电精确定位和在线监控系统

异常用电精确定位和在线监控系统主要由智能用电监控装置（也称低压智能量测开关、低压智能断路器、低压智能开关）、智能防窃电计量箱以及能源控制器和监控分析主站等组成。本章介绍异常用电精确定位和在线监控系统设计方案，主要包括可拆卸式解决方案和固定式解决方案；并介绍基于该系统的精细线损计算方法，以及精益线损及窃电分析、故障监测分析、线路监测分析、电量采集分析、停电事件精准上报等功能的实现方法。

7.1　系统设计方案

7.1.1　可拆卸式解决方案

可拆卸式解决方案系统应用结构如图 7-1 所示。该方案主要通过在现场布置关键设备，对线损异常持续时间较长的台区进行临时分析，并查找主要电量损失节点。问题节点处理完成，线损指标恢复正常后，线损检测分析设备可拆除，拆除后可安装于其他窃电等异常台区。同时，该技术方案适用于存量台区的感知技术改造。

该方案适用于线损异常持续时间较长的台区进行临时分析和查找主要电量损失节点。该方案通过在台区变压器侧的智能线损分析主机加装电压、电流一体式取样附件（以便智能线损分析主机启动计量功能），并在台区变压器的出线开关位置加载带电压、电流一体式取样附件的智能感知模块；在各用户表箱加装电压、电流一体式取样附件；智能线损分析主机与智能感知模块之间，基于（电压和电流）特征信号注入技术，能准确、快速地确定低压配电网的拓扑关系；台区变压器侧的智能线损分析主机通过直接抄读台区总表的时钟数据和整点冻结数据，进行总表计量及计量准确度评估，且台区线损分析主机通过宽带载波抄读台区变压器各出线侧智能感知模块的整点冻结数

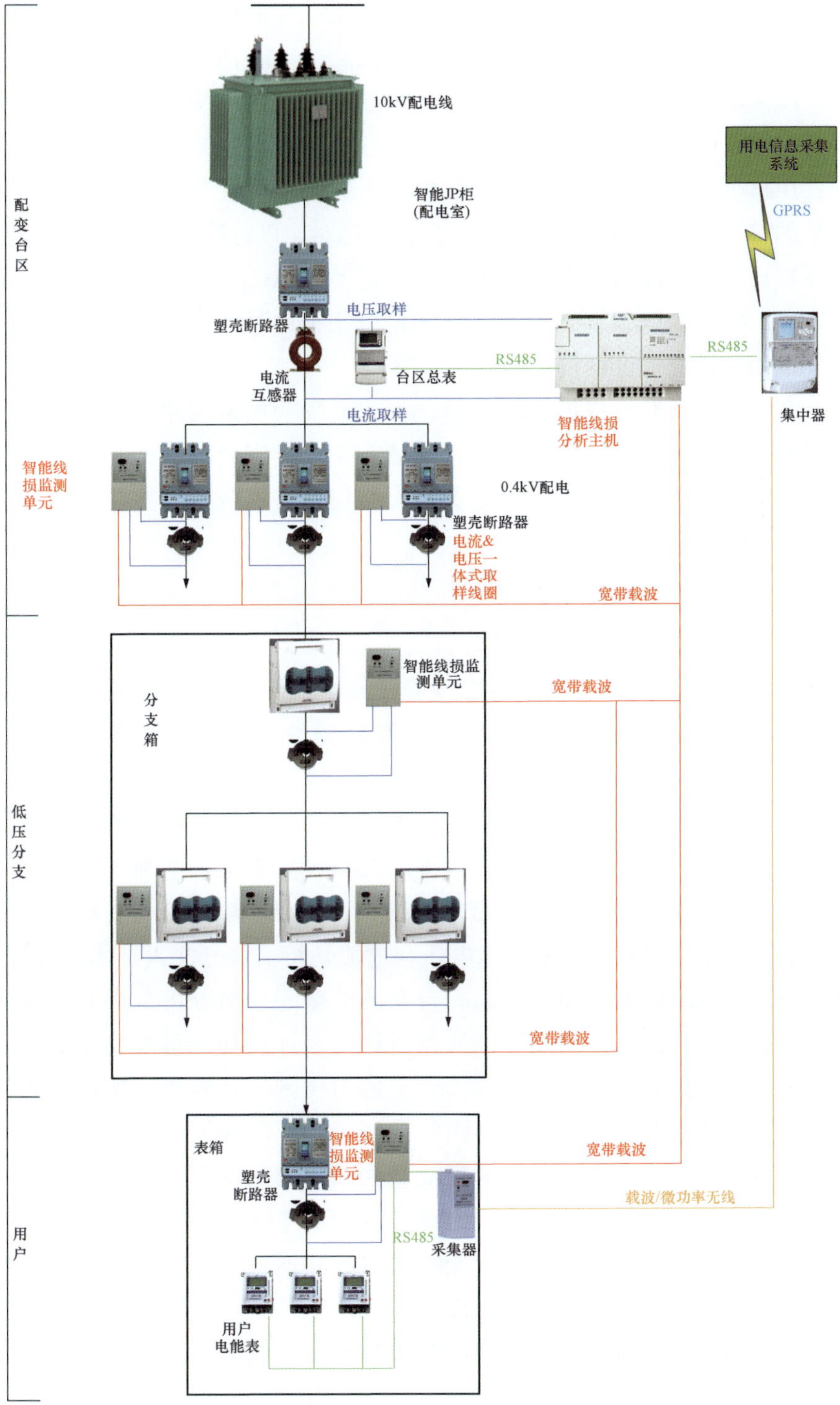

图 7-1　可拆卸式解决方案系统应用结构图

据，以计算低压台区变压器进线与出线的线损；智能线损分析主机通过宽带载波抄读各分支环节、表箱环节的智能监测线损监测单元的整点冻结数据，根据低压配电网的拓扑（配电线路路径及层级）关系，按照电气连接关系计算入、出节点的线损；用户表箱侧的智能感知模块通过 RS485 直接抄读其表箱内各用户电能表的整点数据，并将电能表的有功电量与智能量测开关等量测设备的整点冻结有功电量进行综合分析、比对，以计算各表箱层级的线损。

在现场运维方面，可通过智能线损排查手机 App，与智能线损分析主机连接，导出精细的线损计算结果，准确定位线损区域和窃电点，为线损、窃电等异常用电排查提供可量化的数字支撑。

方案特点：所有设备可带电安装，不需要改动供电线路，施工方便；设备可根据台区分析需要进行拆卸，可重复利用，投资效益高；和现有的集抄设备及智能电能表兼容性高，数据共享；线损和窃电分析精益化、智能化程度高，故障定位准确。

7.1.2 固定式解决方案

固定式解决方案系统应用结构如图 7－2 所示。该方案适用于线损异常反复出现、怀疑有人为不规范用电现象严重的台区。将低压线路各分支的开关更换为智能量测断路器，持续监测线路异常节点，定位窃电等异常用电行为。

该方案通过在变压器侧、线路侧、表箱侧各分支安装智能量测开关，结合线损计算模型，提供了一种更为精细的线损计算方案，精细线损分析计算方法如图 7－3 所示。在台变侧的智能线损分析主机读取各分支线路的智能塑壳断路器所计量的电量值，基于（电压和电流）特征信号注入技术，可准确、快速地确定低压配电网的拓扑关系；台变侧的智能线损分析主机通过直接抄读台区总表的时钟数据和整点冻结数据进行总表计量和计量准确度评估，且台区线损分析主机通过宽带载波抄读台变各出线侧的智能塑壳断路器的整点冻结数据，以计算低压台变进线与出线的线损；智能线损分析主机通过宽带载波抄读各分支环节、表箱环节的智能塑壳断路器的整点冻结数据，根据低压配电网的拓扑（配电线路路径及层级）关系，按照电气连接关系计算入、出节点及用户表箱侧的线损，与智能线损监测同期整点冻结数据的总有功电能量进行对比，以计算各表箱层级的线损。

能源控制器通过与智能断路器或各级分支数据监测设备（物联智能断路器）进行通信，获取各级电压、电流、功率、电量等相关信息，根据主站系统内的线路档案，计算整个台区内各段线路的线损情况，实现对线损的精益

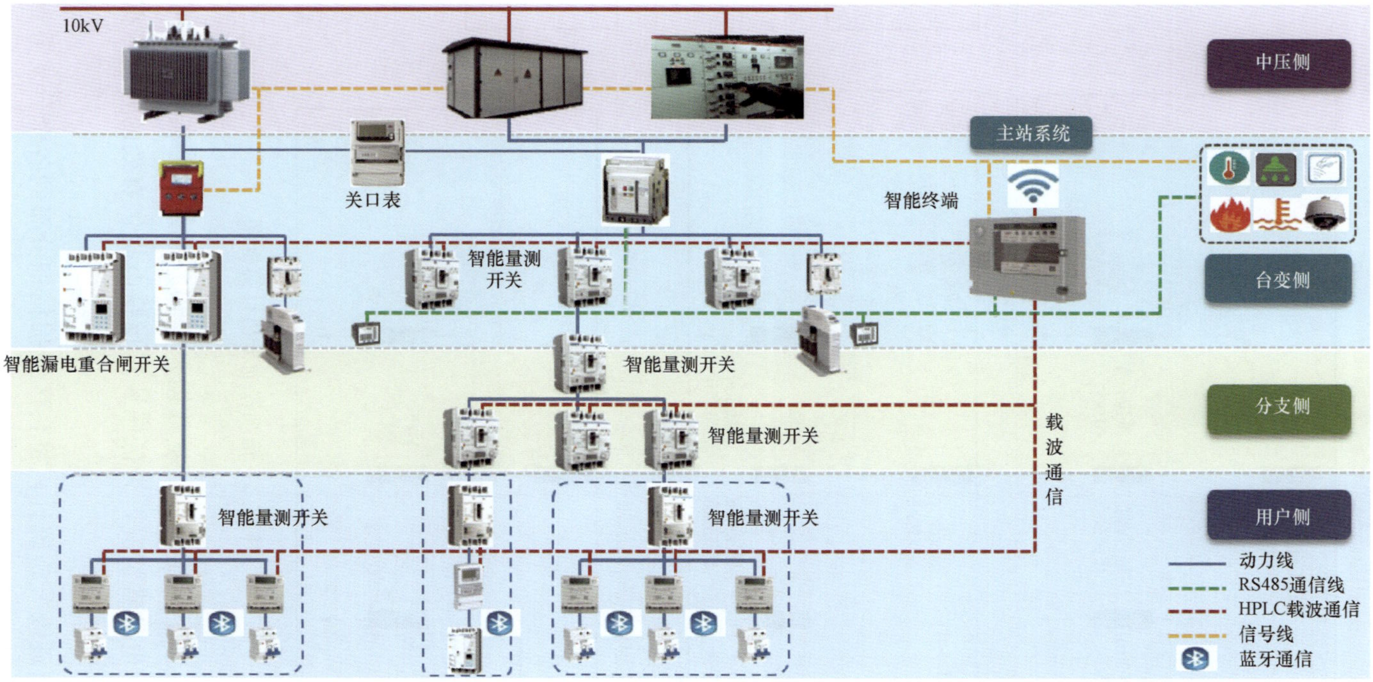

图 7-2　固定式解决方案系统应用结构图

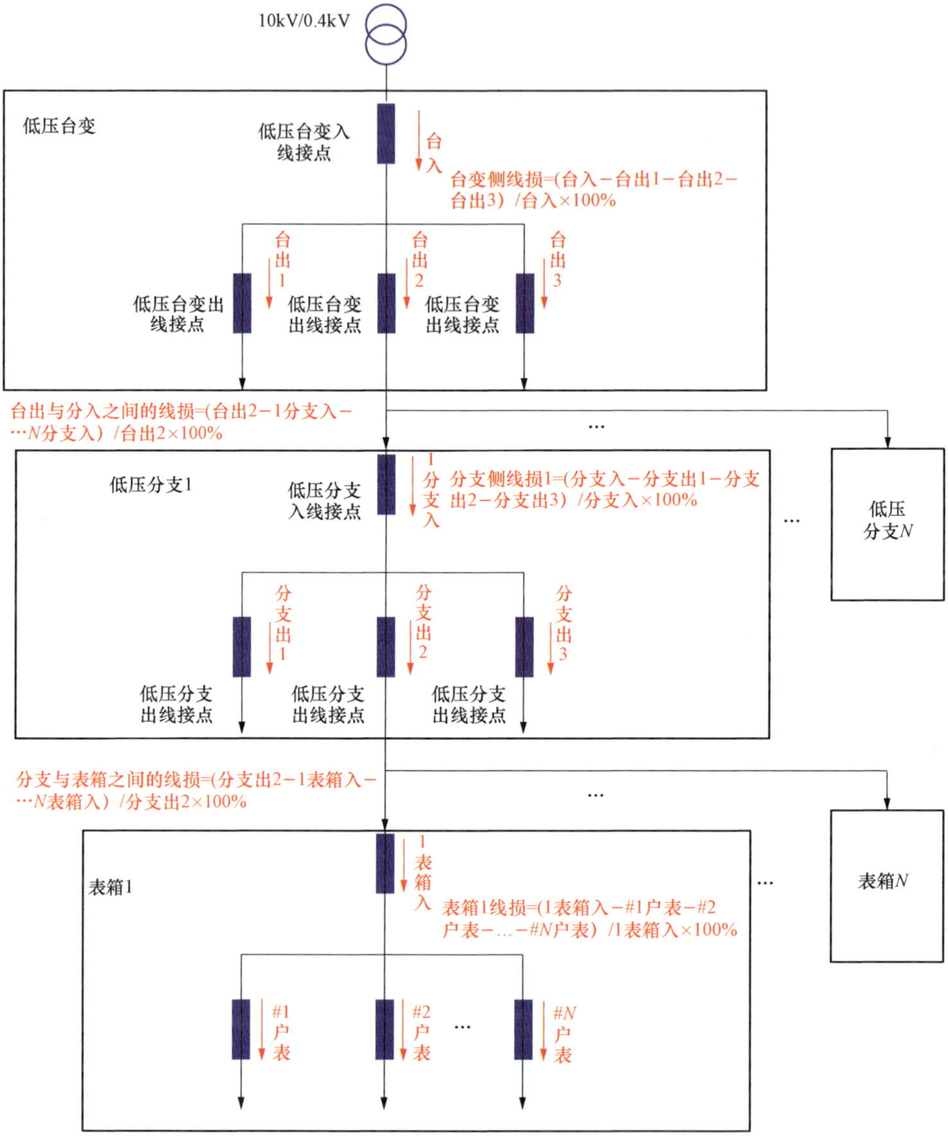

图 7-3　精细线损分析计算框图

化管理。同时，基于低压全电气量数据采集和分段线损分析功能，可综合判断各段线路的用电异常情况，为低压线路反窃电提供有效的判断依据，找出疑似用电异常的线路。

对数据进行逐级分析统计，将台区线损精细分布到各个分支节点，使故障点定位更加准确。

方案特点：智能断路器可以直接替换原有线路中的分支开关，不需要改动供电线路，施工方便；对于台区线损和窃电，长期进行精益化分析，可持续降低线损率，打击窃电等异常用电行为；线损和窃电分析精益化、智能化程度高，故障定位准确。

7.2 主要功能实现

异常用电精确定位和在线监控系统是一款面向配电台区应用的综合监测系统，作为用电信息采集系统的模组化系统使用，实现对台区设备的管理、线路和设备运行情况的实时监测、线路故障及窃电等异常用电的研判和定位、线路历史运行及异常情况记录、线路各环节电能量的统计分析，并提供多种报表分析功能，便于用户全面了解台区的运行情况。异常用电精确定位和在线监控系统如图 7-4 所示。

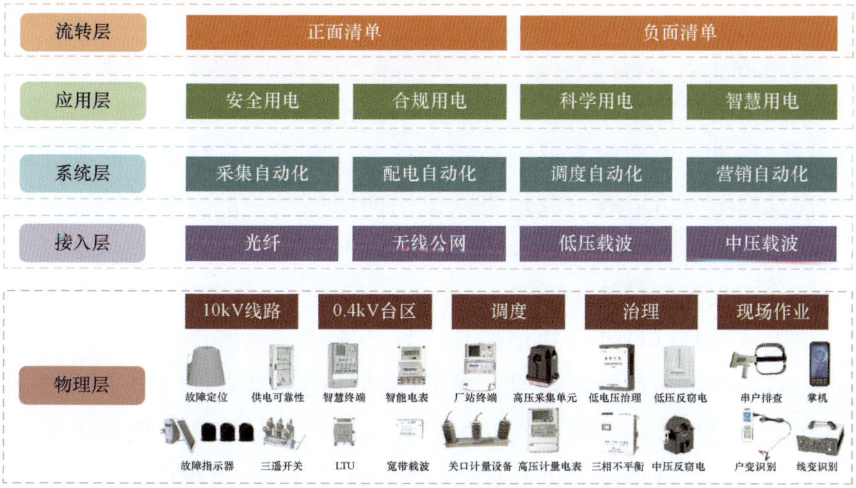

图 7-4　异常用电精确定位和在线监控系统

7.2.1 精益线损及窃电分析

低压台区精益线损管理是从精细化角度出发，对台区进线及出线、各分支箱的进线及出线配电各环节进行线损分析与计算。通过低压台区各个线路节点的终端设备（分支监测单元）自动生成台区拓扑结构，并通过电能计量功能获取各节点的电量数据，从而分层分级地统计各线路的线损，实现台区至分支箱线路线损分析，而其他层级的线损则可通过系统导入相关档案数据和电量数据进行计算分析。

通过以上两方面密切配合，可以实现精益线损管理，并可支撑反窃电智能诊断，实现分析结果与现场用电异常的快速验证，开展用户窃电等异常用电行为的精准、高效查处。线损精准分析示意图如图 7 - 5 所示。

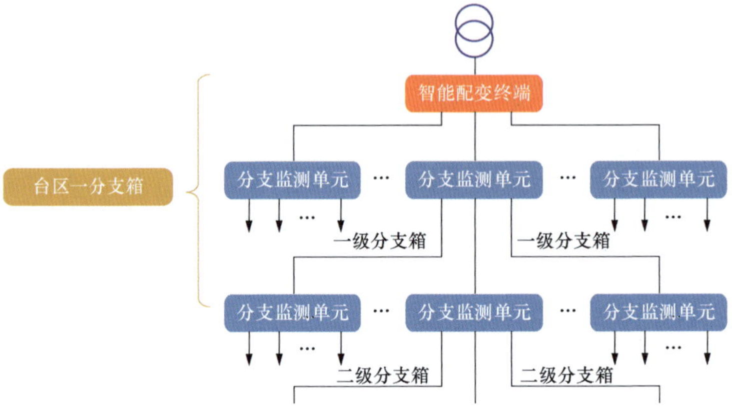

图 7 - 5　线损精准分析示意图

1. 线损建模与计算

根据采集的台区拓扑信息，建立台区电网模型，自动建立线损计算公式，自动计算线损率。按照国家电网公司的标准计算线损合格率，形成合格率统计。线损及窃电分析可展示线损供入供出的明细电量的组成和异常。当表码数据采集密度设置为 1h 或更小，例如 15min 时，可同步计算展示细粒度的电量和线损，实现线损精细化管理。

在供电末端侧（HPLC 物理拓扑模块）通过开关器件控制投切小电阻负荷，产生特定的电流型特征信号。电流型特征信号具有向供电方向传导而不向其他用电支路扩散的特性，因此可以在上级供电分支和低压总出线位置监测到，从而验证台区的物理供电对照关系，形成 100%准确的台区拓扑和台区区分功能。台区拓扑及用电异常监测界面如图 7 - 6～图 7 - 9 所示。

按照用电高峰与用电低谷时段统计线损，选取相同负荷下的线损值进行长期比对，线损幅度与线路老化程度应成正比关系。当线损超过某值时，更换供电线路。

2. 计量点电量异常诊断

计量故障智能研判过程基于异常智能研判模型，通过对电网模型参数配置异常、采集参数配置异常、采集设备异常、采集设备端口异常、电表或计量装置异常、网络异常、数据异常和小负荷等异常进行分析，结合各类采集事件、通信日志、采集数据等，自动判定故障类型及发生位置，并将研判结果以工单方式直接推送到运维人员手中，提高故障缺陷定位效率。线损明细展示时标识计量点电量的可靠性，对无效和缺失数据可提供多种估算方式。

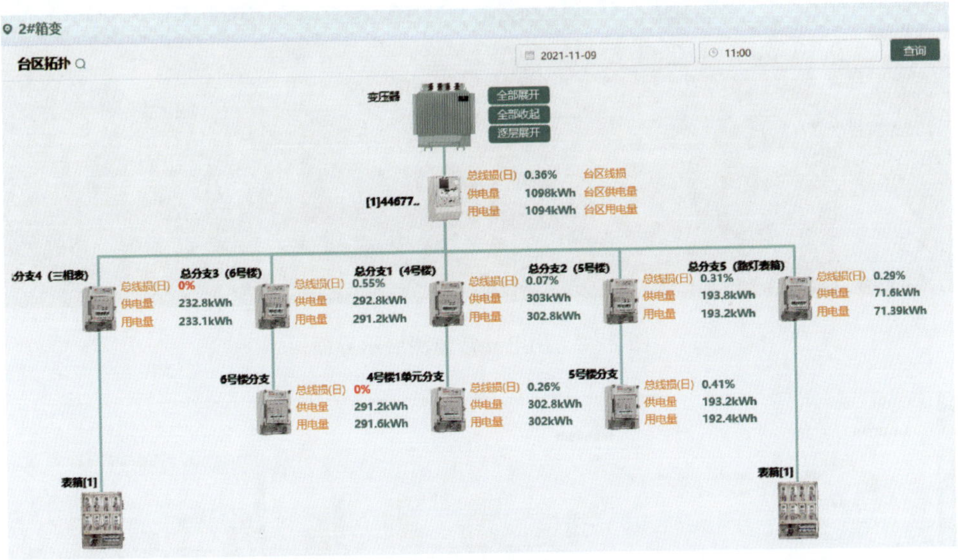

图 7 - 6　台区拓扑展示界面（一）

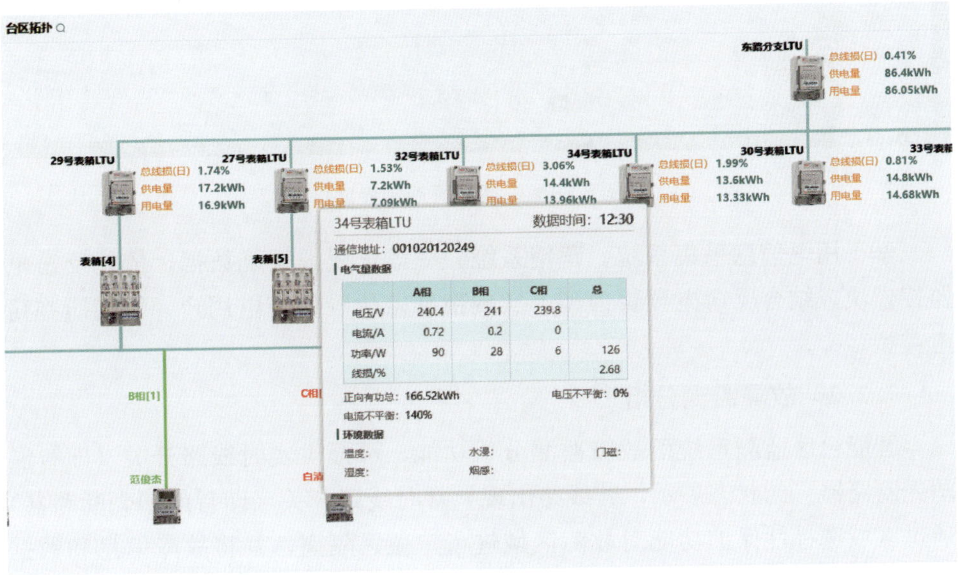

图 7 - 7　台区拓扑展示界面（二）

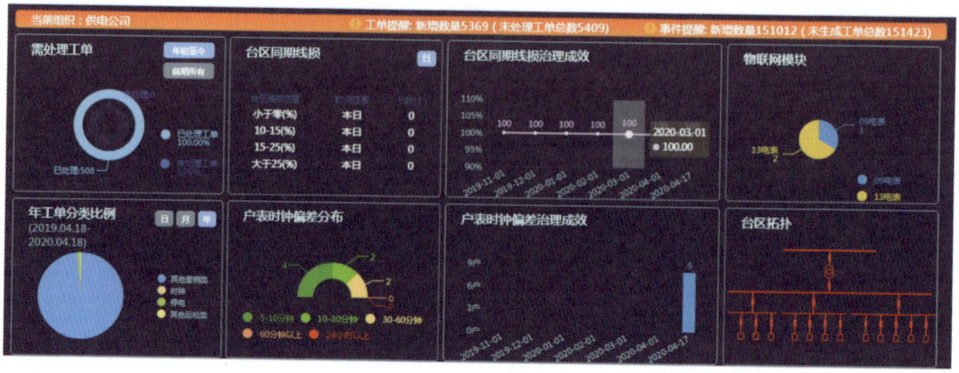

图 7-8　用电异常监测展示界面

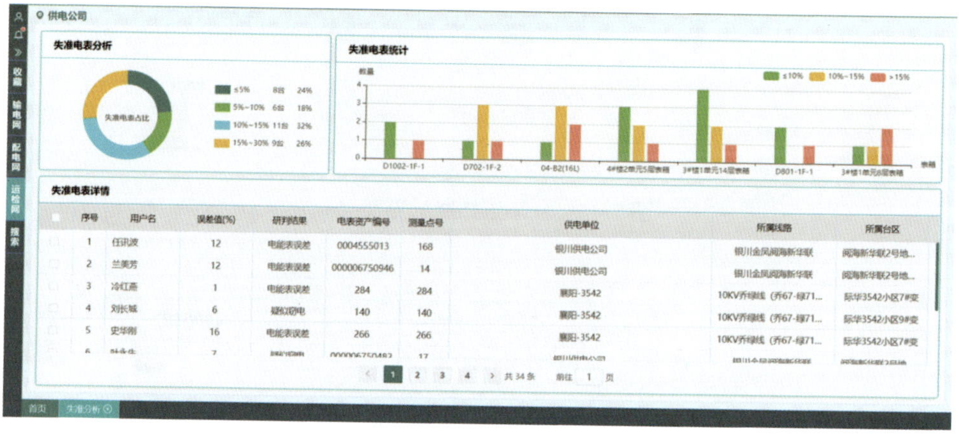

图 7-9　失准监测展示界面

基于用电信息采集系统、营销系统、一体化线损系统数据，依托反窃电监控模块，结合反窃电预警模型，实现精准定位疑似窃电用户，智能研判窃电类型。

7.2.2　故障监测分析

智能台区监测系统的故障监测分析功能，可提供实时线路开关（即智能塑壳断路器）的状态展示，若线路出现异常时线路开关（即智能塑壳断路器）通过区域选择性保护功能对故障区域进行定位、隔离，并将故障信息和数据主动上报至系统，以便于用户对故障定位、隔离全过程进行分析。智能台区监测系统故障监测分析如图 7-10 所示。

7.2.3　线路监测分析

通过智能台区监测系统的线路监测功能，从台区变压器、配电柜（箱）、分支箱到用户电能表采用分级方式对各环节电压、电流和温度进行实时展示，

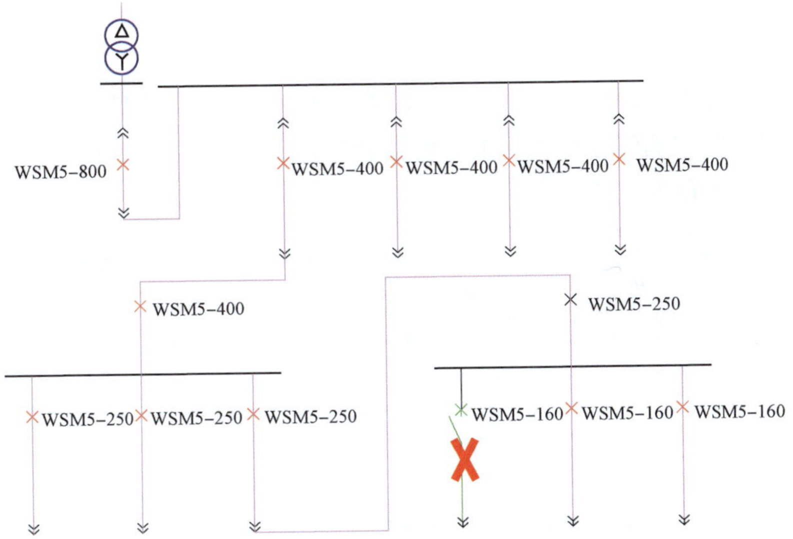

图 7-10　智能台区监测系统故障监测分析图

以便于实时掌握台区下各线路的运行情况。智能台区监测系统线路监测示意图如图 7-11 所示。

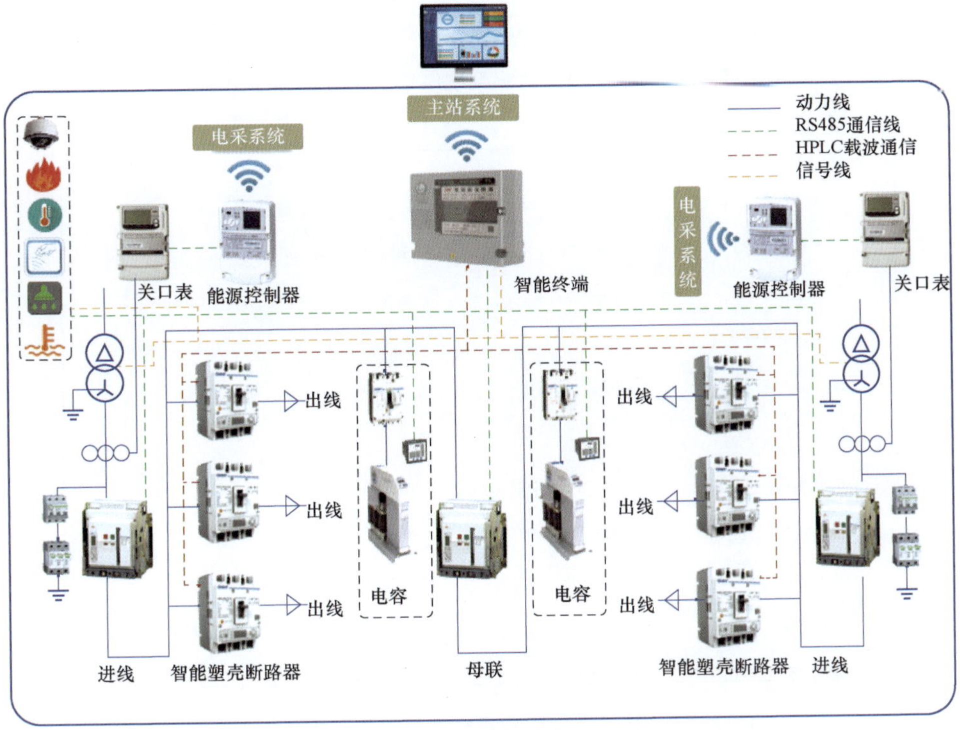

图 7-11　智能台区监测系统线路监测示意图

7.2.4 电量采集分析

智能台区监测系统的电量采集分析功能实现了对台区总表、各分支箱的智能塑壳断路器、用户侧电表的实时采集，便于全面了解电能的分配和使用，可有效支撑需求侧管理和线损细分精益管理。台区监测系统电量采集分析界面如图 7－12 和图 7－13 所示。

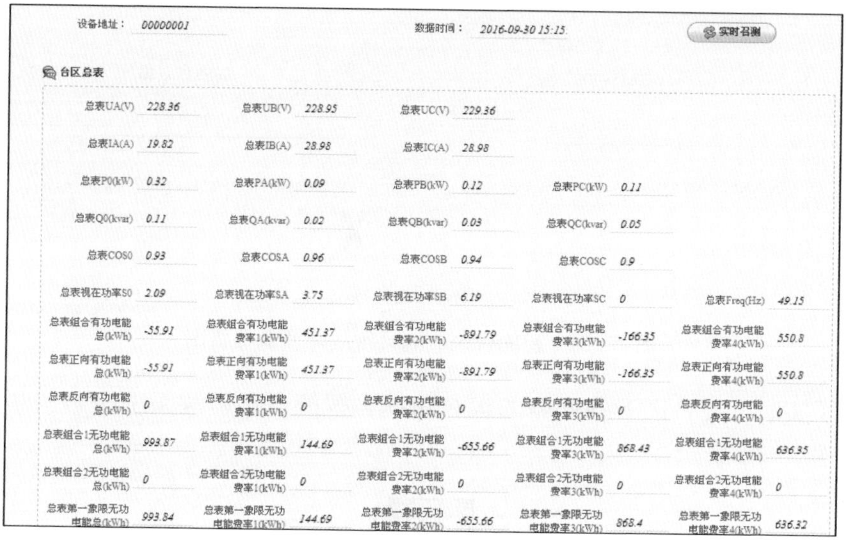

图 7－12 智能台区监测系统电量采集分析界面图 1

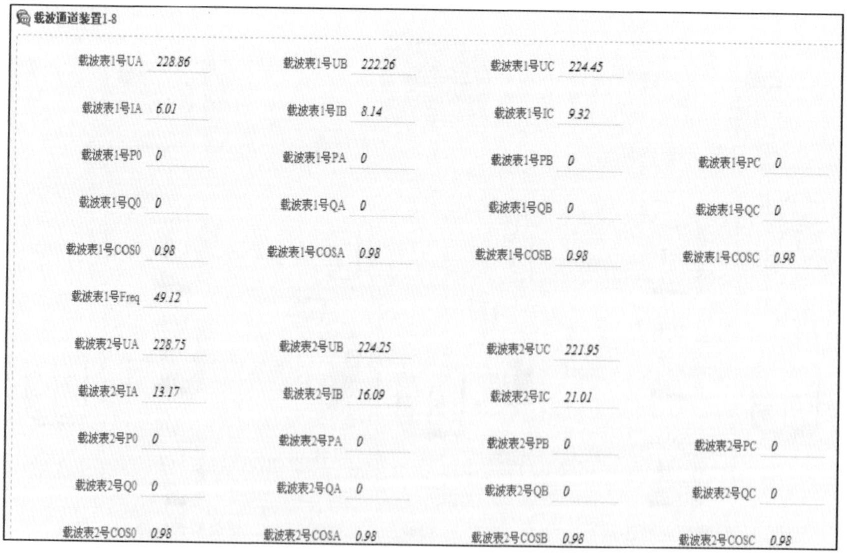

图 7－13 智能台区监测系统电量采集分析界面图 2

7.2.5 台区历史运行查询

智能台区监测系统的运行分析功能，可通过指定的起始时间和监测参量（如图 7 - 14 所示的总表 UA），提供对指定时间段、节点和监测参量的展示，并能导出参量的 Excel 数据表，以便于对线路的运行情况以分析。台区监测系统总表历史曲线界面及历史数据分析表如图 7 - 14、图 7 - 15 所示。

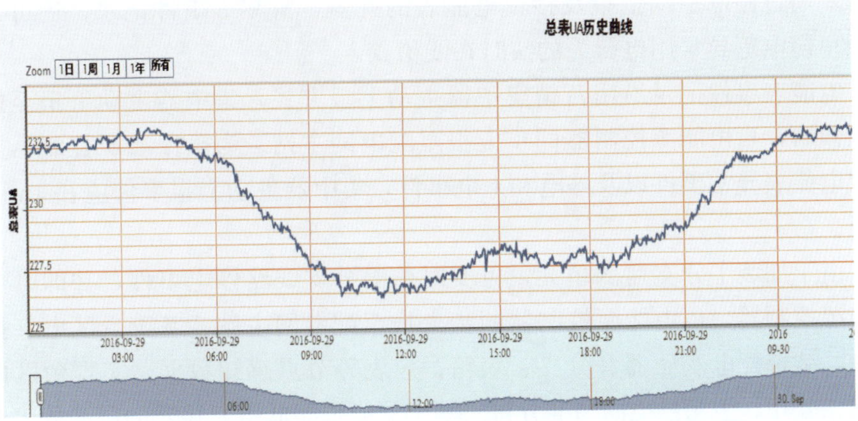

图 7 - 14 智能台区监测系统总表历史曲线界面图

总表UA历史数据

设备地址	时间	总表UA
00000001	2016-09-29 00:00:08	232.15
00000001	2016-09-29 00:01:08	232.15
00000001	2016-09-29 00:02:09	232.26
00000001	2016-09-29 00:03:09	232.15
00000001	2016-09-29 00:04:09	232.06
00000001	2016-09-29 00:05:09	232.26
00000001	2016-09-29 00:06:09	232.15
00000001	2016-09-29 00:07:08	232.35
00000001	2016-09-29 00:08:08	232.35
00000001	2016-09-29 00:09:08	232.26
00000001	2016-09-29 00:10:09	232.26
00000001	2016-09-29 00:11:09	232.35
00000001	2016-09-29 00:12:10	232.56
00000001	2016-09-29 00:13:09	232.45
00000001	2016-09-29 00:14:09	232.56
00000001	2016-09-29 00:15:09	232.56
00000001	2016-09-29 00:16:08	232.45
00000001	2016-09-29 00:17:08	232.45
00000001	2016-09-29 00:18:08	232.45
00000001	2016-09-29 00:19:09	232.15
00000001	2016-09-29 00:20:09	232.35
00000001	2016-09-29 00:21:09	232.26
00000001	2016-09-29 00:22:09	232.26
00000001	2016-09-29 00:23:09	232.45

图 7 - 15 智能台区监测系统总表历史数据分析表图

7.2.6 停电事件精准上报

电能表具有掉电、开盖等事件主动上报功能，上报事件种类可通过主动上报模式字进行灵活设置。通过配置带掉电检测功能的 HPLC 模块，电能表可以实现停电主动上报功能。HPLC 模块中配置有超级电容，为用户侧的停电事件提供实时上报，缩短抢修时间，避免停电抢修不及时造成用户投诉；同时，通过停电主动上报及抄读电能表的开盖、清零等事件记录，还可实现对用户窃电等异常用电行为的实时在线稽查。

电能表事件记录沿用营销集中器主动上报方式，集中器主动上报至能源控制器后，再由能源控制器同步上报至配电网主站。为确保能源控制器及时获取电能表异常事件以及停电和上电事件，集中器主动上报事件应在 1min 内完成。

由于加装了分支监测单元，可实时监测分支线路停电事件，并即时上报至能源控制器，再由能源控制器同步上报至配电网主站。基于台区电气拓扑识别，结合配电变压器、分支、表箱、户表等节点感知数据，实现台区内分支线、分相、表箱停电的精准分析。基于支线智能低压断路器的载波的停电上报，结合拓扑识别结果判断多级停电事件。户表停电事件展示示意图如图 7-16 所示。

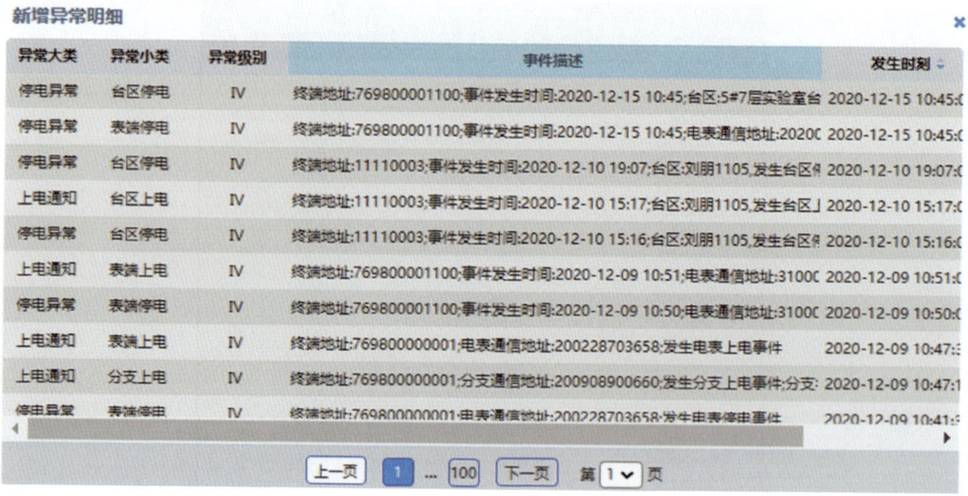

图 7-16 户表停电事件展示示意图

随着系统的不断完善优化，该系统正逐步实现台区现场用电实时状态监测，完成各种异常用电及窃电分析、精细化线损分析、用电异常及窃电等异常用电行为精准定位，并具有友好的人机交互性能。

7.3 现 场 应 用

异常用电精确定位和在线监控技术已在国家电网公司系统内各省公司开展试点应用，国网湖南省电力有限公司在长沙湘江新区、湘潭韶山开展精品台区试点应用，应用效果良好。在 56 个台区的试点应用期间，共发现和定位窃电等异常用电行为 120 余起，准确定位用电异常、设备故障 30 余起，实现了现场用电行为的智能监控，支撑了配电网调度和供电服务指挥的智能化、可视化和标准化，实现了台区供用电的智能抢修和主动运维，提高了工作效率和服务质量。

根据不同应用场景应用需求，分为标配型、中配型和高配型三种应用。

7.3.1 标配型应用

标配型精品台区在实现数据高频采集、台区自动识别、相位拓扑识别、停电事件主动上报、台区分相停电分析、时钟精准治理、通信网络监测与优化、ID 统一标识管理等 HPLC 应用基础上，实现台区负载监测、用电安全隐患辨识、台区表箱停电分析、智能电能表失准分析、违窃用电智能诊断、台区理论线损计算、分相线损分析、表箱线损分析、电气拓扑大数据识别、台区电能质量监测、分布式光伏监测（选配）等功能。

标配型精品台区硬件选型是在现有变压器、表箱满足普通变压器及计量箱要求的基础上，通过智能电能表＋面向对象协议集中器进行 HPLC 组网。在变压器侧安装温湿度传感器、在表箱安装单相智能微型断路器及三相智能量测开关以支撑用电安全隐患辨识。通过配置反窃电监测终端，结合主站大数据分析实现违窃用电智能诊断。标配型低压精品台区物理架构如图 7 - 17 所示。

7.3.2 中配型应用

中配型精品台区在实现标配型精品台区功能应用的基础上，实现台区故障精准感知、配电变压器环境监测、台区线路阻抗分析、台区支线停电分析、线上作业自动化、计量箱精益管理、分支线损分析、电气拓扑物理识别、台区电能质量优化、社区人员流动性分析、台区用户行为特征分析、用户负荷精准感知、用户用能增值服务、用户用能便捷服务、多表合一接入服务（选配）等功能。

中配型精品台区硬件选型是在标配型精品台区的基础上，在表箱侧安装智能物联锁具以实现计量箱精益管理。在分支箱侧安装分支监测终端以实现

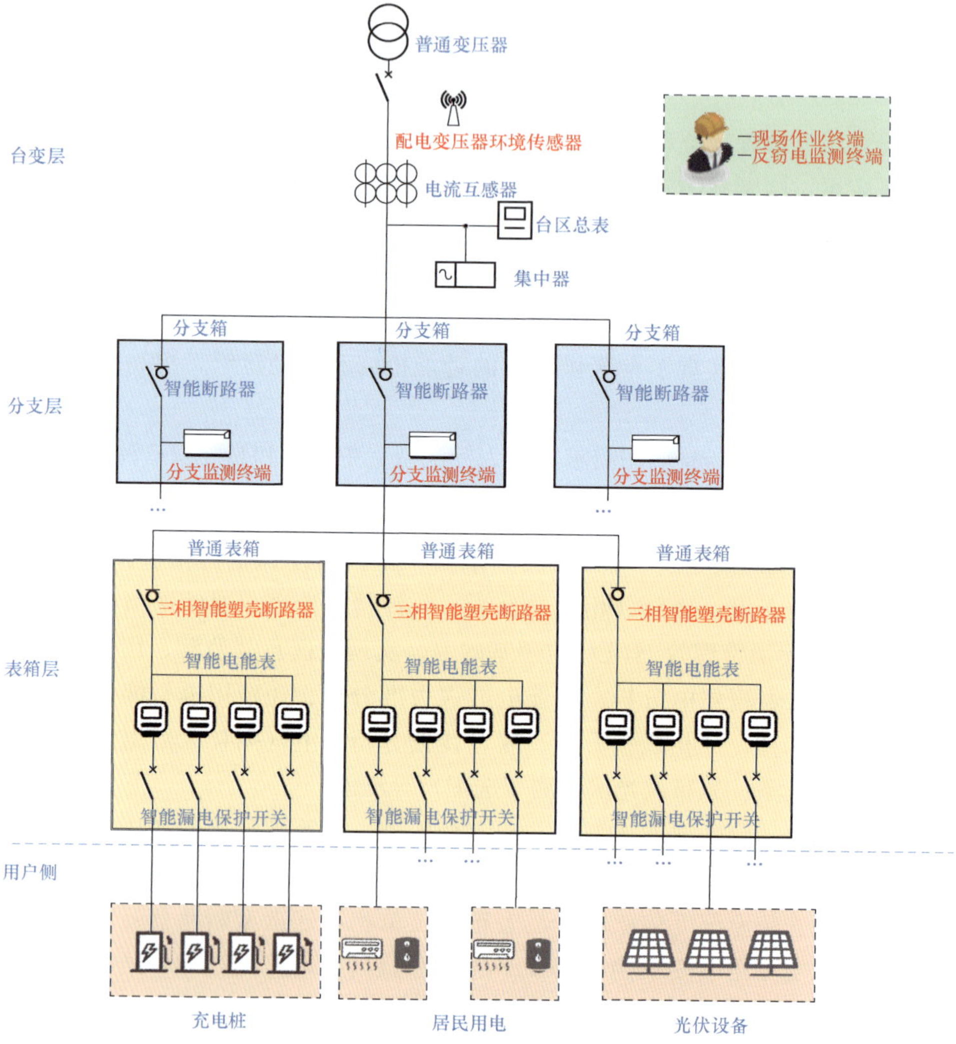

图 7-17　低压精品台区物理架构图（标配型）

台区支线停电分析、分支线损分析及电气拓扑物理识别。中配型低压精品台区物理架构如图 7-18 所示。

7.3.3　高配型应用

高配型精品台区在实现标配型及中配型精品台区功能应用的基础上，实现分布式光伏消纳、电动汽车有序充电、台区负荷精准预测、台区用能优化控制、居民家庭智慧用能响应等功能。

高配型精品台区硬件选型在满足安全用电及合规用电的基础上，主要以支撑科学用电、智慧用电为目标，通过智能变压器、智能换相开关、光伏储

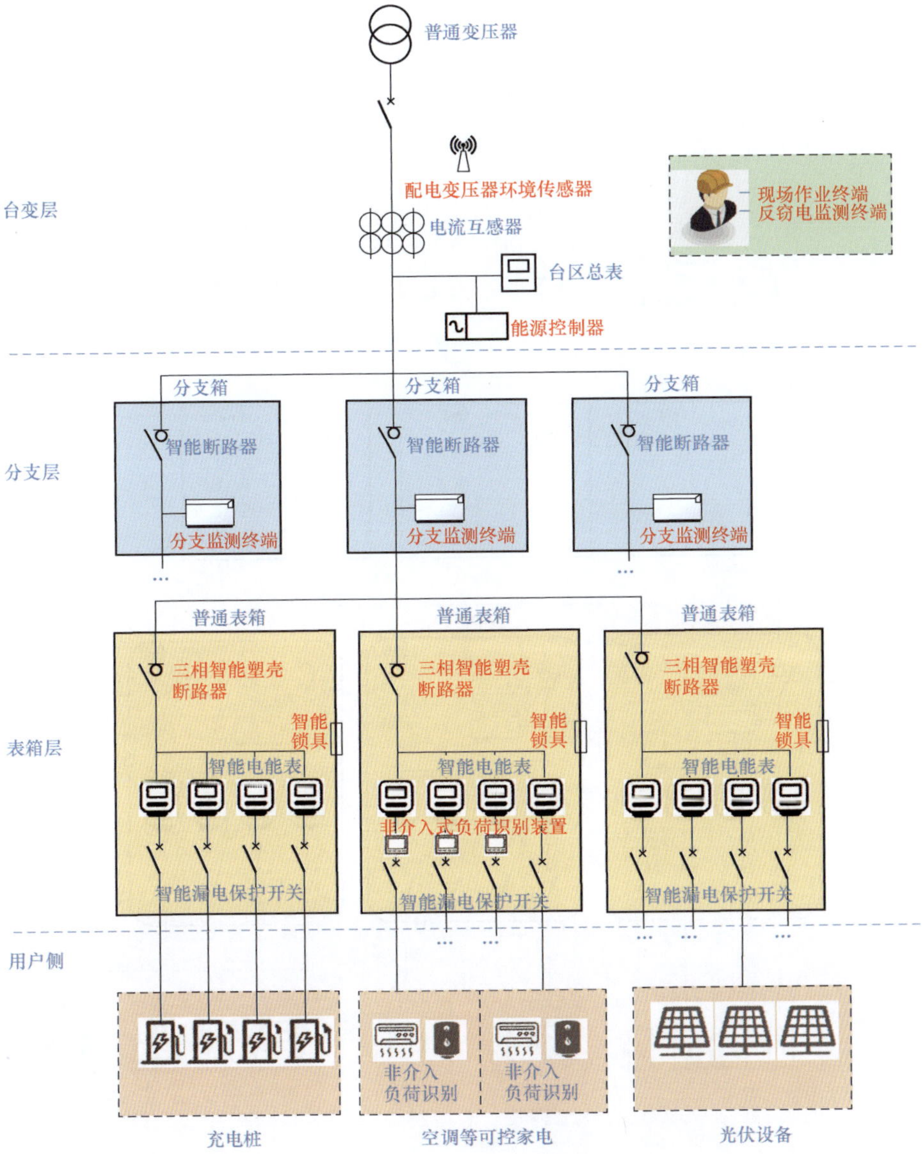

图 7-18　低压精品台区物理架构图（中配型）

能装置、智能有序充电桩、随器计量单元、智能物联电表等装置应用，支撑分布式光伏消纳、电动汽车有序充电、台区负荷精准预测、台区用能优化控制、居民家庭智慧用能响应等功能。高配型低压精品台区物理架构如图 7-19 所示。

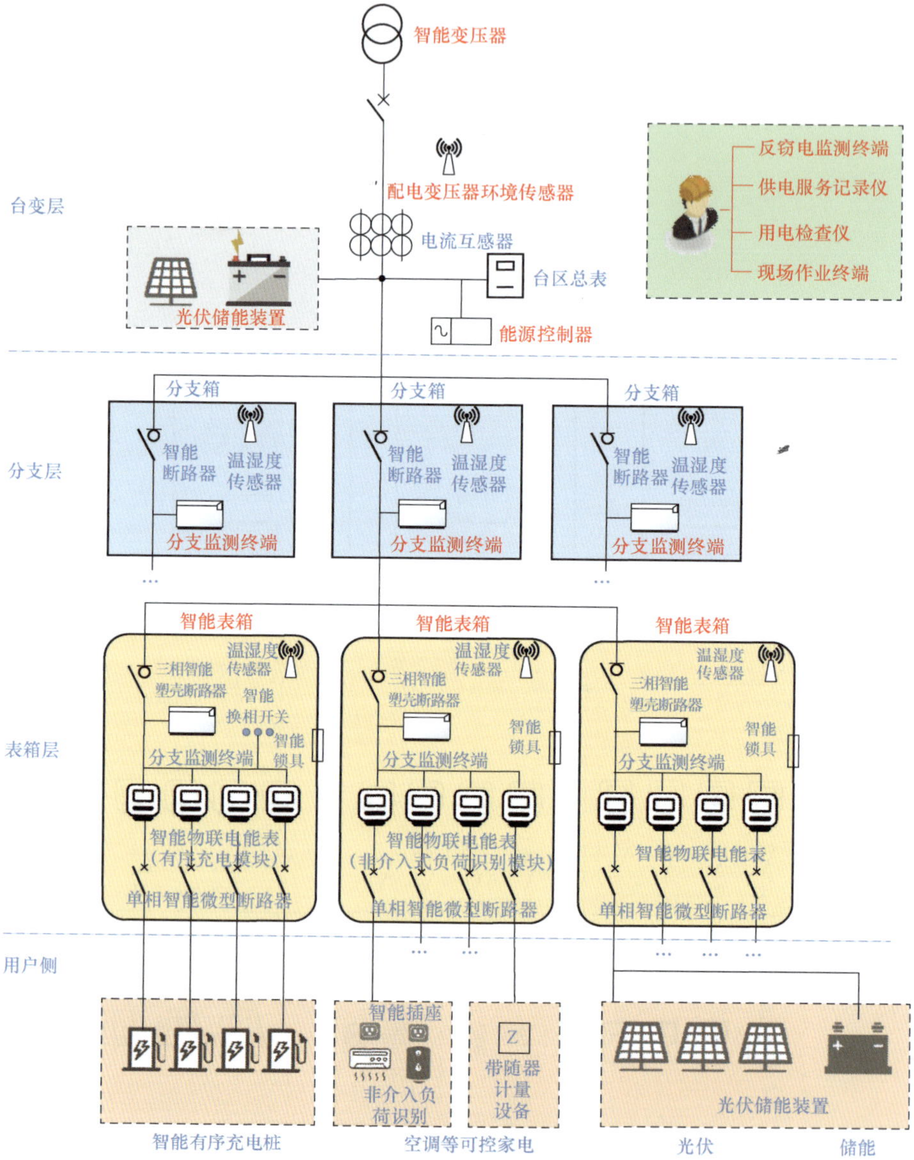

图 7-19　低压精品台区物理架构图（高配型）

参 考 文 献

[1] 熊德智，郑小平，温和，张保亮，肖宇．基于 NB - IoT 的停电监测技术研究［J］．自动化与仪表，2021，36（05）：1 - 5.

[2] 熊德智，柳青，郑小平，温和，杨茂涛．基于电力物联网的智能防窃电计量箱设计［J］．自动化与仪表，2020，35（08）：72 - 76.

[3] 熊德智，陈向群，陈奕蕾，关永前．智能用电监控装置的研制［J］．电测与仪表，2019，56（05）：143 - 147＋152.

[4] 代燕杰，张宇，石燕，彭静．永久磁铁对静止式电能表计量性能影响［J］．电测与仪表，2012，49（02）：60 - 63.

[5] 朱振青，王步云，黄文英．电力负荷实用建模方法［J］．电力系统自动化，1999，23（19）：34 - 39.

[6] 王成亮，郑海雁．基于模糊聚类的电力客户用电行为模式画像［J］．电测与仪表，2018，55（18）：77 - 88.

[7] 陈启鑫，郑可迪，康重庆，等．异常用电的检测方法：评述与展望［J］．电力系统自动化，2018，42（17）：189 - 199.

[8] 赵磊，栾文鹏，王倩．应用 AMI 数据的低压配电网精确线损分析［J］．电网技术，2015，39（11）：3189 - 3194.

[9] 张伊辉，马延峰，韩平军．电力负荷管理终端防电流法窃电装置研制［J］．电力自动化设备，2009，29（11）：132 - 135.

[10] 李志新，尧赣东，徐敏锐，陈铭明，赵双双，陈刚．基于改进分界开关的配电网电能表远程监测方法［J］．电测与仪表，2015，52S1：217 - 220.

[11] 冯凌，侯兴哲，孙洪亮，张喜，魏东．基于无线通信的防窃电系统设计［J］．电测与仪表，2011，4806：54 - 57.

[12] 杜砚，王晓琪，汪本进，王欢．具有计量功能的变压器研制［J］．高电压技术，2015，4103：963 - 970.

[13] 黄荣国，陆春光，姚力，徐韬，周佑．防窃电仿真试验平台设计与实现［J］．电测与仪表，2016，5324：115 - 120.

[14] 吴琦，徐阳，吴巍，钱进．基于 3G 的智能电表远程监测系统的研究［J］．电测与仪表，2011，4808：68 - 71.

[15] 王辉，刘斐．无线通信技术在防窃电工作中的应用［J］．电测与仪表，2015，5201：124 - 128.

[16] 周强，何为，李松浓，侯兴哲，李登云．单极电容式电压互感器的试验研究［J］．高电压技术，2016，4206：1781 - 1789.

[17] 张志，代燕杰，李琮琮，王平欣，杜艳．高压电击干扰对智能电能表的影响研究[J]．电测与仪表，2016，5313：70 - 74.

[18] 肖监，王玉萍，桂专，张秋雁．一种分布式高低压线路防窃电设计［J］．电测与仪表，2016，53S1：185 - 187.

[19] Liang Dong，Zeng Lin，Chiang Hsiao - Dong，Wang Shouxiang. Power flow matching - based topology identification of medium - voltage distribution networks via AMI measurements［J］．International Journal of Electrical Power and Energy Systems，2021，130.

[20] 张磐，高强伟，黄旭，朱聪，孙伟卿．基于电力载波通信的低压配电网拓扑结构辨识方法［J］．电子器件，2021，44（01）：162 - 167.

[21] Wang Changgang，An Jun，Mu Gang. Power System Network Topology Identification Based on Knowledge Graph and Graph Neural Network［J］．Frontiers in Energy Research，2021.

[22] Zhao Liang，Liu Youbo，Zhao Junbo，Zhang Yingchen，Xu Lixiong，Xiang Yue，Liu Junyong. Robust PCA - deep belief network surrogate model for distribution system topology identification with DERs［J］．International Journal of Electrical Power & Energy Systems，2021，125.

[23] Van Waarde Henk J.，Tesi Pietro，Camlibel M. Kanat. Topology identification of heterogeneous networks：Identifiability and reconstruction［J］．Automatica，2021，123.

[24] Qu Ming，Wang Tao，Li Fangshuo，Liu Lina，Li Qilin，Long Hailian，Zhang Yuhang，Xu Jie. Distribution Network Electrical Topology Identification Algorithm Based on Deep Learning［J］．IOP Conference Series：Earth and Environmental Science，2021，645（1）．

[25] 陈招安，黄纯，张志丹，江亚群．基于T型灰色关联度和KNN算法的低压配电网台区拓扑识别方法［J］．电力系统保护与控制，2021，49（01）：163 - 169.

[26] Xupan Yao，Dan Xia，Chunmei Zhang. Topology identification of multiâ weighted complex networks based on adaptive synchronization：A graphâ theoretic approach［J]. Mathematical Methods in the Applied Sciences，2021，44（2）．

[27] 杨棉绒，牛丽平．基于激光雷达的地理空间要素识别算法研究［J］．现代雷达，2020，42（12）：56 - 61.

[28] 危辉，余莉萍．面向可解释性的物体拓扑结构骨架表征方法［J］．中国图像图形学报，2020，25（12）：2587 - 2602.

[29] Fang Shuheng，Kong Zhengmin，Hu Ping，Ding Li. A novel topology identification method based on compressive sensing for multidimensional networks［J］．International Journal of Modern Physics B，2020，34（30）．

[30] 谢超，李晨曦，张代润，曾皓冬．基于智能电表量测数据的配网线变关系反向识别

［J］．电力建设，2020，41（11）：94－100.
［31］冯迎宾，刘文竹，杨昆，于洋．海底观测网海缆低阻抗故障识别及定位方法［J］．海洋技术学报，2020，39（05）：39－45.
［32］陈蕾，周明拓，章毅，郭瑜．无线射频网状网在低压配电网中的应用研究［J］．重庆邮电大学学报（自然科学版），2020，32（05）：726－735.
［33］Yao Xupan，Xia Dan，Zhang Chunmei. Topology identification of multi－weighted complex networks based on adaptive synchronization：A graph－theoretic approach［J］. Mathematical Methods in the Applied Sciences，2020，44（2）.